是本信義—著
劉錦秀　—譯

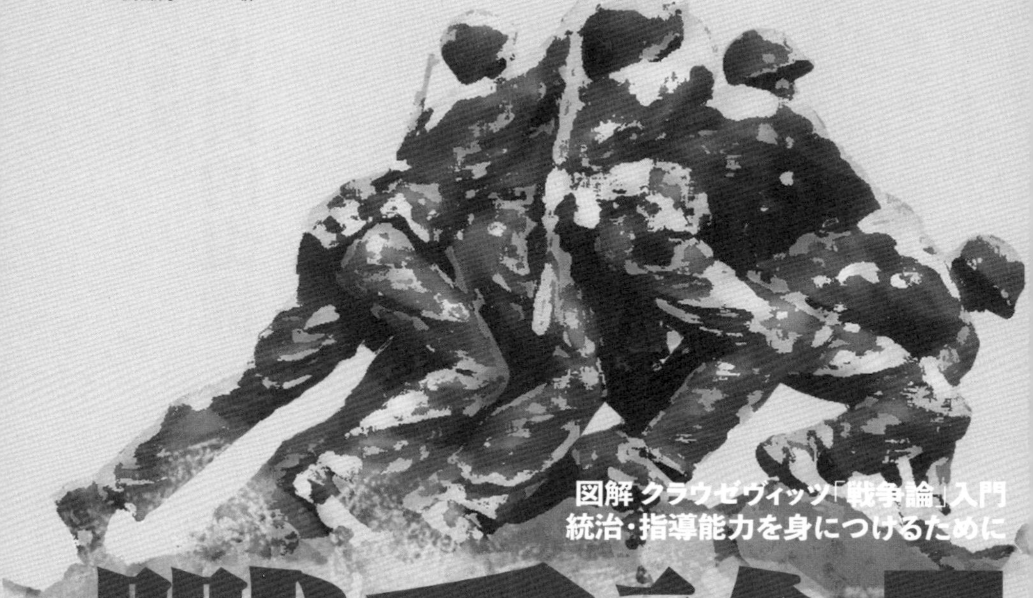

図解 クラウゼヴィッツ「戦争論」入門
統治・指導能力を身につけるために

戰爭論 圖解

獻給在嚴峻現實中擔任總指揮官的領導者！

二十一世紀的人們，為何要讀克勞塞維茨寫於一百七十餘年前的《戰爭論》？
《戰爭論》不僅是現代軍官必讀的寶典，
也是現代企業管理及企業領袖們，面對企業戰爭時最好的參考及指導。

戰爭必須——

- 是政治手段的延續
- 不錯失致勝的關鍵時機
- 不做遠離目標的無謂努力
- 常保後方支援及補給線的暢通

推

國立中山大學中山學術研究所
助理教授 **張錫模**

國立中正大學戰略暨國際事務研究所
教授兼所長 **趙文志**

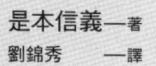

〈導讀〉

古典的復權

● 二十一世紀的人們，為何讀克勞塞維茨寫於一百七十餘年前的《戰爭論》？

張錫模
國立中山大學中山學術研究所助理教授

❖ 克勞塞維茨的時代

普魯士軍隊思想家克勞塞維茨（Karl von Clausewitz），一七八〇年生於普魯士馬格德堡附近布格鎮的一個貴族家庭。一七九二年普魯士與奧地利出兵干涉法國革命，克勞塞維茨被送入普魯士軍步兵團充當士官生，自此參加法國大革命引動的一系列歐陸戰爭。一八〇一年進入柏林軍官學校修業，一八一〇年出任柏林軍官學校教官，一八一二年脫離普魯士軍，以中校參謀身分參加俄羅斯帝國沙皇軍隊，在拿破崙遠征莫斯科之役中，從事沙皇軍里加要塞防衛的參謀工作。一八一五年再以普魯士軍參謀長沙恩霍斯特（Gerhard Johann David Scharnhorst）幕僚的身分，參加滑鐵盧之役，戰後出任柏林陸軍軍官學校校長，開始對十八至十九世紀的戰爭經驗進行理論總結，著手寫作《戰爭論》（未完），其後不幸罹患霍亂，一八三一年死去，鉅著在其歿後由遺孀瑪莉出版。

克勞塞維茨生活在軍事事務產生巨大變革的時代，法國大革命與相關戰爭，是克勞塞維茨一生中最重要的軍事經驗。美國革命戰爭與法國大革命前的十七、十八世紀戰爭，是由遮斷敵軍的退路來決定勝負，戰鬥的主力是「君主的軍隊」，且經常是君主的契約雇傭兵。一七六〇年代以降的產業革命所帶動的軍事技術發展，使軍隊的組織與戰鬥方法為之一變。在此一技術變革的背景下，搭配著以人民武裝和游擊戰為中心的美國獨立戰爭，連同法國大革命推翻王權、導入的全國徵兵制，以及人民主權義理的傳播，為軍事事務帶來全新的變革，「君主的軍隊」急速轉變為「國民（民族）的軍隊」（national army）。在此一變革中，大規模兵力與武器動員組織被發展出來，透過拿破崙的歐洲征服，戰爭進入以強大軍力及火力盡量殺傷與破壞敵軍來決定獲勝的新階段。

拿破崙戰爭展示著「國民軍隊」的優勢，迫使歷經嚴酷戰敗經驗的普魯士等國謀求變革。以一八〇七年出任軍制改革委員會主席的沙恩霍斯特，以及見習過美國獨立戰爭並在拿破崙戰爭後晉升普魯士陸軍元帥的古納伊謝納烏（August, Graf Neidhardt von Gneisenau）為代表，倡導重建普魯士王國的軍隊，要求將敗戰前的傭兵（君主的軍隊）改造為國民皆兵的徵兵制（國民的軍隊）。

再者，變革的時代，使軍人充分意識到系統性把握戰爭的必要性，從而體察到「軍事科學」的重要性。特別是，若要進行兵制的根本改革，導入徵兵制，建立國民的軍隊，就必須重視專業化的軍事教育與軍隊管理，尤其是對管理部隊之指揮官的教育更為重要。要精化軍官團教育，自然必須有教科書，有系統地、組織性地傳授最低必要限度的知識，並施與應用這些知識的訓練。

此一時代背景，連同自身的經驗，構成克勞塞維茨著書立論的出發點，他的目標是繼承沙恩霍斯特和古納伊謝納烏的衣缽，致力將普魯士軍從君主的軍隊改造為國民的軍隊，並希望為這支新生的「國民軍隊」提供「永遠不變的軍事理論、戰爭理論」。要言之，克勞塞維茨著述《戰爭論》的根本動機，就是為民族國家（nation-state）的「國民軍隊」提出一部系統性的戰爭學「教科書」。就像所有的教科書一樣，《戰爭論》的最大特徵，是對戰爭的所有層面所涉及的現象，進行明快且有系統的記述。

❖高等軍事學教科書

在其後的歷史過程中，《戰爭論》確實扮演著軍事學教科書的角色。普魯士王國得以在俾斯麥的政治領導下，透過對奧地利、丹麥與法國三次戰爭而成長為德意志帝國（一八七一年）的關鍵，是普魯士陸軍當時稱霸歐洲的戰力；普魯士陸軍戰力的中軸，是普魯士參謀本部的力量；參謀本部的力量，來自（老）毛奇元帥（Helmuth, Graf von Moltke）排除所有障礙而達成的建設成果——他要求參謀本部在平時發揮著兩種機能：研擬戰時的作戰計劃（含動員計劃），以及給予第一線指揮官當時世界最高水準的軍事科學之理論武裝，亦即扮演著「軍隊之頭腦」，以及軍隊指揮官「養成學校」等雙重功能。在整建參謀本部的過程中，毛奇元帥指導方針的基準，就是克勞塞維茨的《戰爭論》。因此，在實踐意義上，《戰爭論》是德意志帝國武裝力量的思想靈魂。

十九世紀後半，《戰爭論》已有英、法、義、俄等多國譯本，漸次成為當時歐洲列強共通的「高等軍事學教科書」。

作為軍官團的高等軍事學教科書，《戰爭論》分為八篇：第一篇「戰爭的性質」，第二篇「論戰爭的理論」，第三篇「戰略通論」，第四篇「戰鬥」、第五篇「戰鬥力（軍隊）」，第六篇「防禦」，第七篇「攻擊」，第八篇「作戰計劃」，其中篇幅份量最多的是第六篇。

《戰爭論》是未完成的著作，但對戰爭的定義很明快：「戰爭是政治的延續。」這個命題經常被引用與推崇，但其原意也經常被誤解——這個命題的關鍵字，德文原文Politik，具有雙重含義，即政治（Politics）與政策（Policy）。一方面，政策一詞，用來描繪一個理性過程，目標、方法與資源有意識連結的過程。另一方面，政治則屬於人類社會存在的領域，而非科學或藝術的領域。在本質上，政治總帶有互動的屬性，政治事件與結果，很少是參賽者單方面意圖的產物，而是相互競爭的個人與團體互動、偶然性、摩擦與大眾情感等相互糾結的結果，個別人物或團體基於理性計算的互動，經常造成全體非理性的支出。

因此，克勞塞維茨著名的命題——「戰爭是政治／政策的延續」，不僅是在說明戰爭的有意識行動（如戰略），應是理性計算與政策的延長，同時也在強調，戰爭不可避免地產生而存在於混亂的、不可預測的政治領域之中。

這種對戰爭、政治與政策的思考，充分反映出克勞塞維茨的辯證思維——黑格爾式的唯心辯證思維。在這層意義上，《戰爭論》是黑格爾哲學與拿破崙戰法在克勞塞維茨思想上的綜合產物。

因此，克勞塞維茨的戰爭觀，帶有強烈的辯證思維，用當代賽局理論的術語來說，即帶有嚴整的「互動決策」思維：「在像戰爭這樣危險的事情中，由仁慈而產生的這種錯誤思想，正是最有害的」；「必須看到，由於厭惡暴力而忽視其性質的作法，毫無益處，甚至是錯誤的」（第一篇第一章第三節），言簡意賅，明快地打破「非武裝中立論」或「非武裝和平論」的流俗迷思。

要求從戰爭的內在運動規律而非倫理上的好惡觀點來理解戰爭，使克勞塞維茨進一步提出著名的「弔詭式三位一體」（paradoxical trinity）——有時也被譯成「神奇的三位一體」（wonderful trinity）：

「作為一種總體的現象，其支配性趨勢總是使戰爭成為弔詭的三位一體——由被視為盲目的自然力量之原生的暴力、仇恨與敵意；由在其中創造性精神自由發揮的意外性機會與機率之戲劇；以及由作為一種政策工具之屈從因素，僅受理性所支配這三者所構成。這三個側面的第一點，主要牽涉到人民；第二是指揮官及其軍隊；而第三則是政府」（第一篇第一章第二十八節）。

換言之，在克勞塞維茨眼中，戰爭由三大要素所支配：第一是大眾的感情，這是戰爭的心理能源（psychological energy）之所在；第二是在戰場上圍繞著軍隊的「戰爭之霧」（fog of war）——即「偶然與或然率」（chance and probability），戰爭之霧是武裝鬥爭的物理脈絡（physical context of armed struggle），標誌出戰爭的動態性格；第三是政府為了其本身的政治目的，將理性施加於戰爭之上的企圖。「這三種傾向像三條不同的規律，深藏在戰爭的性質之中」（出處同上）。

據此，克勞塞維茨闡述戰爭的基本作用。首先，「戰爭是一種暴力行為，而暴力的使用是沒有限度的。因此，交戰的每一方都使對方不得不像自己那樣地使用暴力，這就產生一種交互作用，從概念上來說，這種交互作用必然會導致極端」。此一暴力衝突升高的運動規律，稱為「第一交互作用」（第一篇第一章第四節）。

其次，「使敵人無力抵抗是戰爭行為的目標……如果要以戰爭行為迫使敵人服從我們的意志，就必須使敵人真正無力抵抗或陷入勢將無力抵抗的地步。由此可以得出結論：解除敵人武裝或者打垮敵人，不論說法如何，必然是戰爭行為的目標。……我們要打垮敵人，敵人同樣也要打跨我們，這是第二種交互作用」（出處同上）。

再者，「想要打垮敵人，我們就必須根據敵人的抵抗力來決定應該使用多大的力量。敵人的抵抗力等於現有資材的多寡與意志力的強弱。現有資材的多寡是可以確定的，因為它有數量可做根據；意志力的強弱卻很難確定，只能根據戰爭動機的強弱做概略的估計。假如我們能用這種方法大體上估計出敵人的抵抗力，那麼我們也就可以據此決定自己應該使用多大力量，或是加大力量以造成優勢，或是在力所不及的情況下，盡可能地增強我們的力量。但是敵人也會這樣做。這又是一個相互間的競爭，從純概念上講，它又必然會趨向極端。這就是我們遇到的第三種交互作用和第三種極端」（第一篇第一章第五節）。

根據這些原理分析，克勞塞維茨進一步申論戰爭的唯一手段是戰鬥，從而展開第二篇以下的討論。第二篇「論戰爭的理論」共有六章，其中最重要的是第一章（「戰爭術的區分」），界定戰爭術為：「在戰鬥中運用擁有武器裝備戰鬥力的技術。在這層意義上的戰爭術，稱為戰爭指導最為恰當；而廣義的戰爭術，當然還包括一切為戰爭而存在的活動，也就是包括建立軍隊的全部工作。」

這就點出了，遂行戰爭的理論研究，不僅必須包含戰略、戰術與軍隊本身，而且必須涵蓋深受一國人口、資源、經濟力、政治與社會等因素所影響的「軍事行政」層面。換言之，若不能充分掌握軍隊以外的人口、經濟、社會、政治等層面的變化並予以活用，便不可能實現該國最佳的「軍事行政制度」（台灣的軍官教育，欠缺的就是這種理解台灣社會、人口、經濟、政治的廣闊視野）。

第三篇以下迄第七篇，共五篇，是戰爭論的主要內容。在作為「高等軍事學教科書」的十九世紀下半葉，《戰爭論》第三至七共五篇，是當時軍事科學的最先進著作，也是當時歐陸各國軍官團學習的重點。然而，對於當代讀者而言，這五篇可能稍嫌難以理解，且許多見解受限於作者執筆的時代，無論從政治體制或軍事技術等角度來看，都未必適用於今日的戰爭研究。

正是在這層意義上，《戰爭論》的角色，逐漸從「教科書」轉變為「古典」，而「古典」總有其限制。

❖《戰爭論》的影響與限制

《戰爭論》從教科書到古典的轉變過程，可以從這本鉅著在二十世紀的影響歷程中清晰看出。一般的論述宣稱，《戰爭論》是「西方的兵學聖經」，對「西方」的戰略思想與作為產生深遠的影響。這種說法誠屬泛泛。「西方」本身就是個模糊的概念，而對今日「西方」的第一代表國美國而言，《戰爭論》的影響不應被高估——放置在小羅斯福總統書案上的唯一一部兵書，並非克勞塞維茨的《戰爭論》，而是馬漢的《海軍力對歷史的影響：一六六〇年至一七八三年》（初版一八九〇年，即俗稱的《海權論》）。在實踐上，支配美國國防戰略的中心思想，是馬漢，而不是克勞塞維茨。甚至，米契爾的《空權論》，或是二次戰後美國複雜多歧的核武戰略思維，對美國軍事思想的影響，也都勝過《戰爭論》。

事實上，正如同黑格爾的國家主義哲學影響最力的區域，是「東方」而非「西方」，受到《戰爭論》影響最大的區域，與其說是「西方」，毋寧說是「東方」，尤其是蘇聯／俄羅斯與中國。

列寧一生最熟讀的軍事書籍，就是《戰爭論》，他在一九一五年閱讀此書時所寫下的眉批與筆記，足以構成另一本專書。列寧的整套軍事思想，核心源自克勞塞維茨，差別只在於：第一，列寧追隨批判性繼承黑格爾思想的馬克思唯物辯證，而克勞塞維茨則是黑格爾式的唯心辯證；第二，列寧將克勞塞維茨的戰爭觀擴大為政治觀，他以戰爭的觀點來看待政治，社會主義革命被他界定為「終結所有戰爭的戰爭」。據此，第三，列寧對克勞塞維茨的三位一體進行修改式繼承，將人民／民族改為「階級」，民族國家的政府，則被改為「（共產）黨」。

透過列寧的修改式繼承，《戰爭論》的見解成為蘇聯政治體系與軍事思想的根本基礎，並透過蘇聯的示範作用，影響著中國共產黨人的政治體制思維與軍事思想。社會主義經濟建設，根本意義是在打造一部戰爭經濟機器，而「黨指揮槍」的思想，迄今仍有力地殘留在中國共產黨人的大腦中。因此，在歷史意義上，《戰爭論》對東方的影響力，其實遠勝過對西方的影響力。

此一比較在歷史上饒富意義，因為二十世紀軍事技術與思想的先進區域，是西方而不是東方：空權與核武戰略的登場，都是二十世紀的西方產物。

更重要的是，空軍的最初運用出現在第一次世界大戰，核武的運用則出現在第二次世界大戰。這兩場戰爭標誌出人類進入「總體戰」（Total War）的時代。

美國南北戰爭與一九〇四年爆發的日俄戰爭，是人類史上總體戰的先驅，而第一次世界大戰是人類戰爭總體戰的代表。戰爭發展到此一階段，決勝關鍵已非純粹軍事力，而是國力所有要素（國土的戰略地勢、人口、政府統治力、國民士氣、國民素質、產業與經濟力、外交力、軍事力）的總合。

當戰爭進入「總體國力決定勝負」的階段時，「勝利」必須透過打擊（包括使敵人遭受打擊的恐懼感）來完成。打擊由火力與衝擊力（突擊）來進行，若在現實上難以打擊敵人，也可以設法使其陷入會遭受打擊的不利態勢。若能做到這一點，敵人通常會因為恐懼感而敗走。若是必須透過戰鬥才能獲得勝利，則必須使我方的損害比率較敵方的損害率為小，因為戰爭通常不會只打一次戰鬥就宣告結束。

如此，持續性成為戰爭的特性。每一次戰鬥，都會蒙受一定損害，而損害的回復需要時間與勞力。因此，因為進行戰鬥而有所損害的兩軍，都會努力地要求己方較敵方更快且更強地做到「戰鬥力的回復」。如此，兩軍其實是在進行著忍受被消耗與搶先回復戰鬥力的競賽。在這場競賽中失敗的一方，最終將在整場戰爭中敗北。簡言之，戰爭的最終性質是「消耗戰」。

消耗戰必然是「持久戰」，而且必然要求火力集中與尋求主力決戰，期使敵軍主要戰鬥部隊的戰鬥力在決定性戰鬥中陷入無法回復的狀態。只要能在此類「決定性戰鬥」（如第二次世界大戰太平洋戰爭中的中途島戰役）獲勝，戰爭的態勢便可被確立，據此贏得最終勝利。

總體戰、消耗戰、持久戰、主力決戰、集中打擊，構成過去兩百年來所有戰爭理論的教義基礎。總體戰的現實，要求著空權論的登場，也要求著核武戰略的登場，甚至要求著「太空權論」的登場。戰爭的型態、性質與思想變化如此巨大，《戰爭論》的「教科書」角色自然無可避免地下降，漸次轉變為頗負盛名但很少人仔細研讀的「古典」。

❖《戰爭論》的復權

意義深長的是，若說《戰爭論》的角色，因總體戰時代的到來而從「教科書」轉為「古典」，那麼，當人類漸次告別總體戰時代之際，作為古典的《戰爭論》，便開始展現出「古典復權」的力量。

一九九〇年代加速發展的當代軍事事務革命（RMA），深刻地改變著戰爭的本質。此一革命的起點，是來自電腦計算能力加速發展為基礎的資訊革命（information revolution）。資訊型軍事革命的核心，與其說是新登場的精準打擊武器的出現（用什麼打），毋寧說是「怎麼運用新軍事技術與武器？」（戰法／戰鬥綱領），以及「什麼樣的軍事組織最適合未來的戰爭？」（戰鬥組織與編制的改變）。

一九九一年波灣戰爭，活用資訊科技（ＩＴ）與精密誘導技術的武器登場，戰鬥力因此倍增，但美軍只是針對傳統的戰法與組織編制略加調整而已。然則，一九九九年三月的柯索沃戰爭，產生出全新型態的軍隊運用法與編制／組織，戰鬥型態也跟著完全改觀。例如，在該次戰爭中，北大西洋公約組織（ＮＡＴＯ）軍一方面大大地活用電腦控制武器（cyber weapons）與媒體來混淆南斯拉夫軍，另一方面則大量使用精密誘導武器與非殺傷性武器來抑制雙方軍隊與民間設施的物理性損害。二〇〇一年十月的阿富汗戰爭，以及二〇〇三年三月發動的美國對伊拉克之戰，進一步加速此一趨勢。

此一武器／技術、戰法、戰鬥組織／編制的三位一體的改變，意味著軍事事務革命產生的新軍種——ＲＭＡ軍的運用原則，已非傳統的教義。新的關鍵原則是「要害打擊」（打擊敵方之神經中樞等要害以促使其喪失戰鬥機能而非大量死亡）與「同步打擊」（同時間不容髮地攻擊複數目標以促使敵方措手不及而無力回應）。

「要害打擊」與「同步打擊」的出現，反映著資訊化社會的特質，即「情報的共有」、「精確」（精密與正確）、「速度」、以及「對人命敏感」。將這兩大原則適用在真實的戰場上，將使迄今為止的戰爭型態出現巨變。

第一，傳統的「火力戰」與「機動戰」漸次讓位予「資訊戰」，後者對勝負的影響力漸次高於前者。第二，「平面次元」與「空間次元」的戰鬥之外，新增的「電腦控制／電子次元」（cyber dimension）與「時間次元」戰鬥越來越重要。第三，「前線陣地」對戰鬥的重要性漸次荒廢。第四，「攻擊」遠較「防禦」來得有利。

如此，戰爭型態的改變，催化著戰爭性質出現革命性的變化，百年來被奉為圭臬的總體戰與消耗戰，迅速地讓位給RMA軍的「麻痺戰」。消耗戰是揭櫫殺傷與破壞敵軍主力部隊為目標的戰法，而麻痺戰之目標則是使對手的指揮統制等機能陷入無能，藉此造成敵軍主力戰鬥部隊的機能麻痺與癱瘓，且因其僅攻要害，不傷全體的特性，因而又有「不對稱戰爭」（asymmetric warfare）之稱。

這就促成克勞塞維茨《戰爭論》的復權。作為軍事教科書，《戰爭論》第一、二篇闡述的「戰爭是政治的延續」，已在核武時代出現嚴重的限制（核武戰就是人類／政治的終結），而第三篇至第七篇的戰略、戰術、防禦、攻擊等討論，也明顯難以因應總體戰時代的戰爭型態。然而，清晰論述政治目的與戰爭目標及相應作為的第八篇「作戰計劃」，卻一貫地通過近兩百年的漫長考驗，展示著恆久智慧的價值。

新軍事事務革命要求著戰爭從總體戰走向麻痺戰，而麻痺戰的性質，要求著武器系統、軍事組織與戰鬥綱領的新思維。在根本意義上，要求著新的作戰計劃。在所有作戰計劃的背後，都存在著戰爭目標。作戰計劃的任務在運用適當的方法並搭配著擁有的資源來達成戰爭目標。戰爭目標決定作戰計劃，作戰計劃決定作戰行為，並據此決定戰爭的結果。進一步，最好的作戰計劃就是那些目標最單純的計劃，也就是那些能夠確認克勞塞維茨所謂「單一重心」（single center of gravity），藉以避免導致兵力與戰鬥努力分散化的作戰計劃。戰爭目標越多樣，戰爭的進行就越困難，作戰計劃之間彼此矛盾而自我敗北的機率就越高。

正如同物理學（機械力學）中的重心一樣，用足夠的力量攻擊重心，可導致目標物體失衡及倒塌。因此，重心不是力量的來源，而是一個平衡的要素。如果能夠在戰爭中讓敵方失衡，就可以快速取得勝利。這意味著，在根本意義上，界定重心之所在，成為作戰計劃的關鍵。在麻痺戰或不對稱戰爭的時代，標定與破壞敵人的重心，更成為戰爭中最關鍵的事務。

進一步，如果人們願意將他們對戰爭的視野放入當代社會經濟脈絡中來考察，就會更明白《戰爭論》第二篇有關「軍事行政」的洞見。

這就是我們這些生活在二十一世紀的人們，為何閱讀克勞塞維茨《戰爭論》這部寫於一百七十餘年前舊著的因由——《戰爭論》的時代已經終結，其中大半篇幅並未經得起「總體戰」時代的嚴峻考驗，但圍繞著政治目的、戰爭目標、重心、軍事行政及其他關鍵概念與思維，《戰爭論》不僅通過了二十世紀總體戰的近百年考驗，而且在新軍事事務革命下的麻痺戰時代，再度展現著持之非強但來之無窮的思想力量。

很自然地，對此一脈絡的理解，將促生出一種批判性的閱讀——《戰爭論》作為軍事學教科書的第三篇至第七篇，當代人可以省略，但充滿恆久洞見的第一、二、八篇，卻仍值得當代人咀嚼品味。

目錄 CONTENTS

第6章 「防禦」和「攻擊」何者有利？ 193

序章

對《戰爭論》的基本認識

1 克勞塞維茨

影響近代兵學甚鉅的《戰爭論》作者卡爾．馮．克勞塞維茨（Karl von Clausewitz，1780～1831），於一七八〇年生於普魯士王國馬格德堡附近的布格鎮。一七九二年加入普魯士軍隊的克勞塞維茨，在拿破崙戰爭（Napoleonic War，1793～1815）時，與皇子奧古斯特（August）以副官的身分出征，在一八〇六年的「耶拿會戰」（Battle of Jena）中戰敗，和皇子雙雙成了法軍的俘虜。

被法國俘虜約一年的期間，克勞塞維茨靜心思索「自腓大烈大帝（Friedrich II，1712～1786，普魯士第三代國王）以來，繼承了無上光榮及傳統的普魯士軍隊，為何會敗給拿破崙（Napolun Bonaba，1769～1821）無名的雜牌法國軍隊」。克勞塞維茨動筆寫《戰爭論》的動機，因此萌生。

普法休戰後，被釋放的克勞塞維茨調任普軍總參謀部，協助他的恩師、當時的參謀總長沙恩霍斯特（Gerhard Johann David von Scharnhorst，1755～1813），進行普魯士軍制的改革。此一改革使普魯士軍隊更為精銳，後來還在解放戰爭中贏得勝利。

耶拿會戰

普魯士在「奧斯特利茨會戰」（Austerlitz，現捷克斯洛伐克城）見奧地利戰敗，向拿破崙宣戰。一八〇六年十月十四日，兩軍在柏林南方的耶拿平原發生激戰，普魯士軍不敵拿破崙的「單翼包圍戰法」，只得臣服。

一八一八年，拿破崙戰爭結束，克勞塞維茨轉為擔任柏林士官學校的校長，潛心研究戰史及軍事理論，以腓特烈大帝和拿破崙的戰史為研究主軸，定義「戰爭」為：「打倒敵人，使其屈服於我之意志之下的暴力行為。」戰爭的過程中，政治的意圖、政治的思維徹底左右整個軍事行動。所以克勞塞維茨又導出：「戰爭是政治透過另一種手段的延伸。」克勞塞維茨還分析了腓特烈大帝及拿破崙兩人卓越的政治及軍事才能，主張將帥的「資質」和「才能」是戰勝的重要因素。他還將兵學中漠視的戰略及戰術做嚴格的區分，再加上為戰爭做準備的後方支援，來確立兵學／兵法的體系。在現代，由「戰略」、「戰術」、「後方支援」三者所組成的兵法論，相當受肯定。

❖理論是觀察而非口號

在克勞塞維茨多年的研究中，獨排觀念論而重實踐。他以辯證的方式，組織一定的模式或理論，再以演繹及歸納方式，將戰史實例套用於模式中進行驗證，因此留下了「理論是觀察，而非教義」的名言。

一八三一年，身為波蘭駐軍參謀長的克勞塞維茨還來不及完成《戰爭論》就過世了。次年，他的夫人，身為普魯士皇后女官的瑪莉（Marie von clausewitz）繼承其遺志，整理、編纂未完成的手稿，以《戰爭論》（*Vom kriege*）為書名進行發表。

《戰爭論》問世的過程

（拿破崙戰爭）

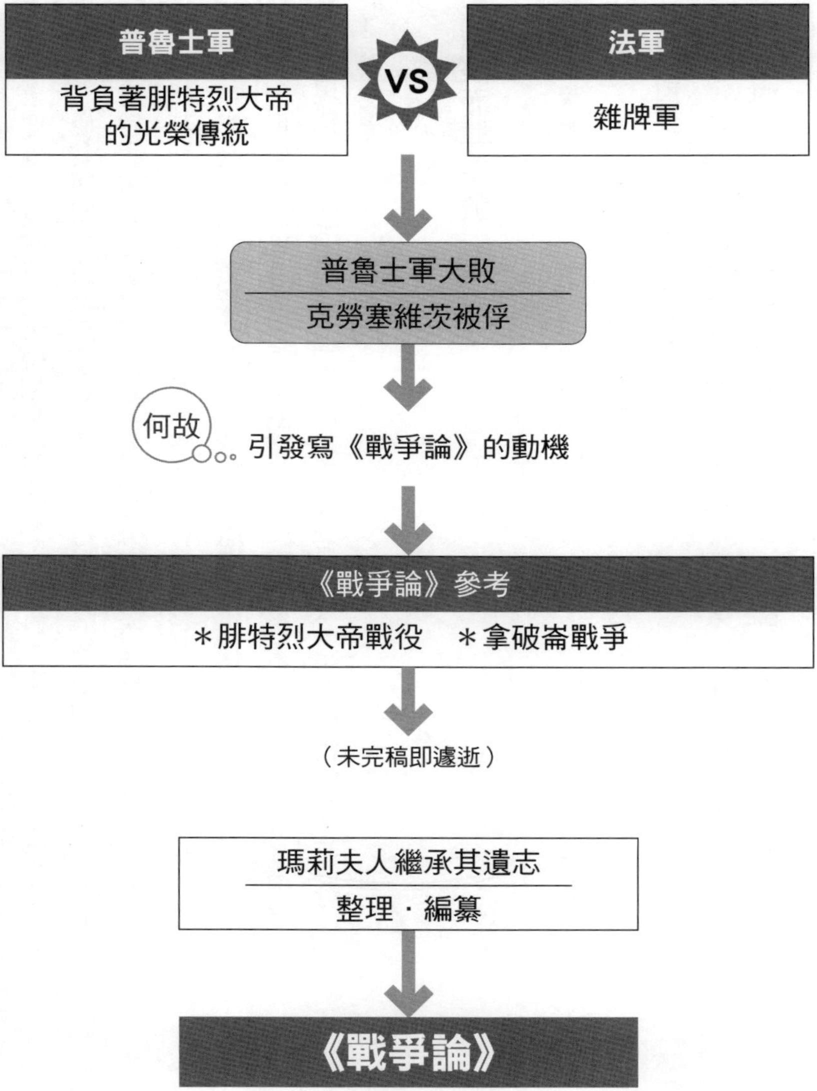

克勞塞維茨的思考

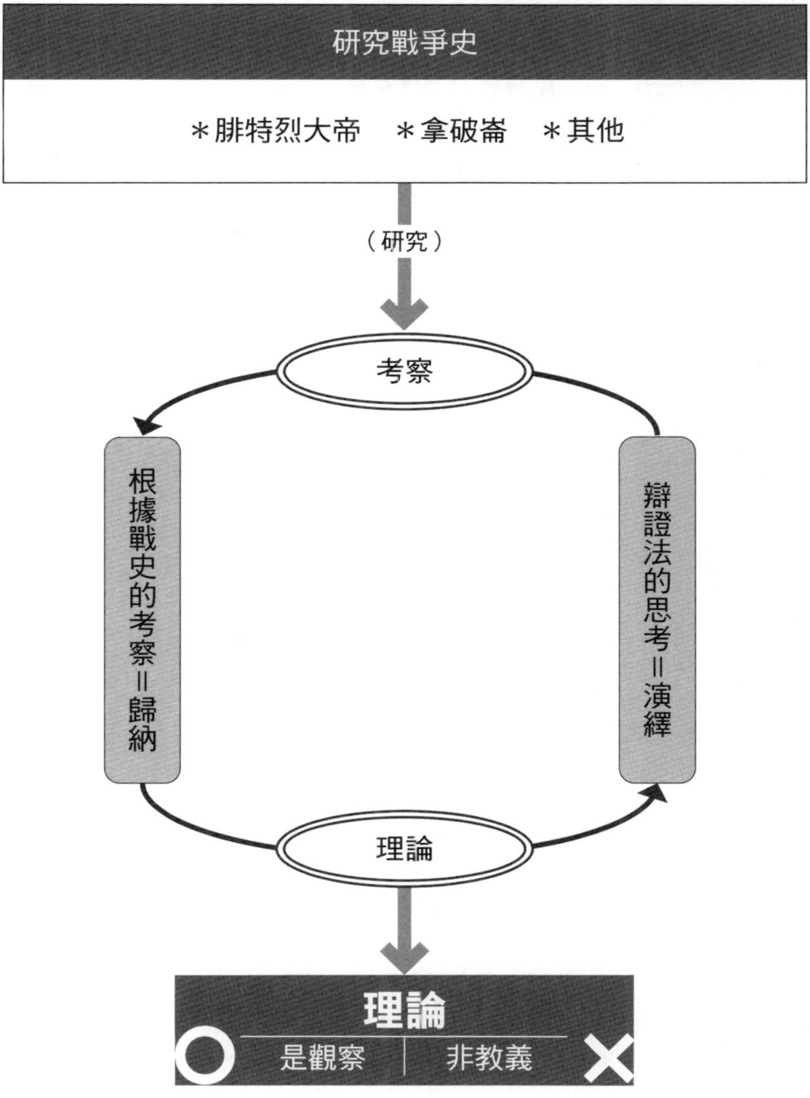

2 不斷上演的戰爭戲碼

要認識《戰爭論》，就必須先了解克勞塞維茨的祖國——普魯士王國。許多人看到「普魯士」（Prussia）就會想到德國，其實德國並沒有普魯士這個地方。說到普魯士，又必須從「布蘭登堡」（Brandenburg）和「條頓騎士團」（Teutonic Knights）說起。

十世紀後半，神聖羅馬帝國（德意志第一帝國）成立時，為對抗入侵德國東北部的斯拉夫人，特別設置了「布蘭登堡」作為邊塞防城。在布蘭登堡擔任知事的邊境伯爵，於一三五六年被指定為選侯（Kurfürst），開始受到德意志諸侯的重視。

另一方面，一二八〇年十字軍東征快結束時，活躍於耶路撒冷的宗教騎士團——條頓騎士團，獲得神聖羅馬帝國皇帝贈與波羅的海東岸及維斯拉河以東之地，即所謂的普魯士地方。

不久後，條頓騎士團與企圖將勢力自東歐中部向外延伸的波蘭王國發生戰爭。一四一〇年，騎士團被波蘭立陶宛聯軍擊敗，便將普魯士領土的西半部割給波蘭。

選侯

擁有選舉神聖羅馬帝國皇帝（德意志皇帝）資格的有力諸侯。一三五六年，皇帝卡爾六世以「金印敕書」指定美因茲（Mainz）、格倫（Koln）、特利耶魯（Trier）的各大司教（聖職諸侯）、波黑米亞（Pohemia）王、萊茵宮伯爵（法爾茲伯爵，Pfalz）、薩克森（Sachsen）布蘭登堡邊境侯爵等七位諸侯為選侯。

一四一五年，在康斯坦斯（Konstanz）宗教會議上，布蘭登堡邊境侯爵和選侯的地位都被迫讓給了德國西南部小領主紐倫堡（Nuremberg）的腓特烈．馮．霍亨索倫（Friedrich von Hohenzollern）。另一方面，在普魯士同為霍亨索倫家的亞爾伯特．馮．霍亨索倫（Albert von Hohenzollern）當上了騎士團的團長，並在一五二五年得到波蘭國王的認同，成為普魯士公爵。

由於普魯士公國無男嗣繼承，遂被轉讓給霍亨索倫家的布蘭登堡侯國。此後，布蘭登堡侯國和普魯士公國即合併成為一個國家。

腓特烈一世成為普魯士國王

之後，皇帝和各諸侯因為舊教與新教問題，爆發了「三十年戰爭」。這場戰爭中，幾乎無一諸侯國可以倖免，整個德意志幾乎化成焦土，連布蘭登堡也不例外。

讓布蘭登堡從戰火中走向復興大道的，就是後來被稱為大選侯的腓特烈．威廉（俗稱 the Great Elector，1620～1688）。腓特烈．威廉首先驅逐駐留在布蘭登堡的瑞典皇帝軍，然後藉著〈維斯特法倫條約〉（Westfalen）大肆擴張領土並整頓內政、獎勵生產，增強國力。

後來，趁波蘭在「瑞典．波蘭戰爭」（1655～1660）戰敗的機會，在神聖羅馬帝國皇帝的幫助下，根據〈奧利維條約〉（Oliver）讓普魯士脫離波蘭而獨立，與本家的布蘭登堡合併。接著，繼承腓特烈．威廉的腓特烈三世（Frederick William III，1770～1840）在「西班牙繼承戰爭」中，得神聖羅馬帝國皇帝奧波德一世（Leopold I，1640～1705）之助得到王號，並受加冕為普魯士國王，稱腓特烈一世。

此後，腓特烈一世即統一了德意志，並創造了雄冠世界的德意志帝國。這一切都是從普魯士王國開始的。

順便一提，普魯士王國本來應該稱為布蘭登王國。但由於神聖羅馬帝國皇帝不希望德意志境內另有一個王國，所以即以德意志境外的普魯士地名，作為腓特烈一世的國土名號。

普魯士王國的歷史

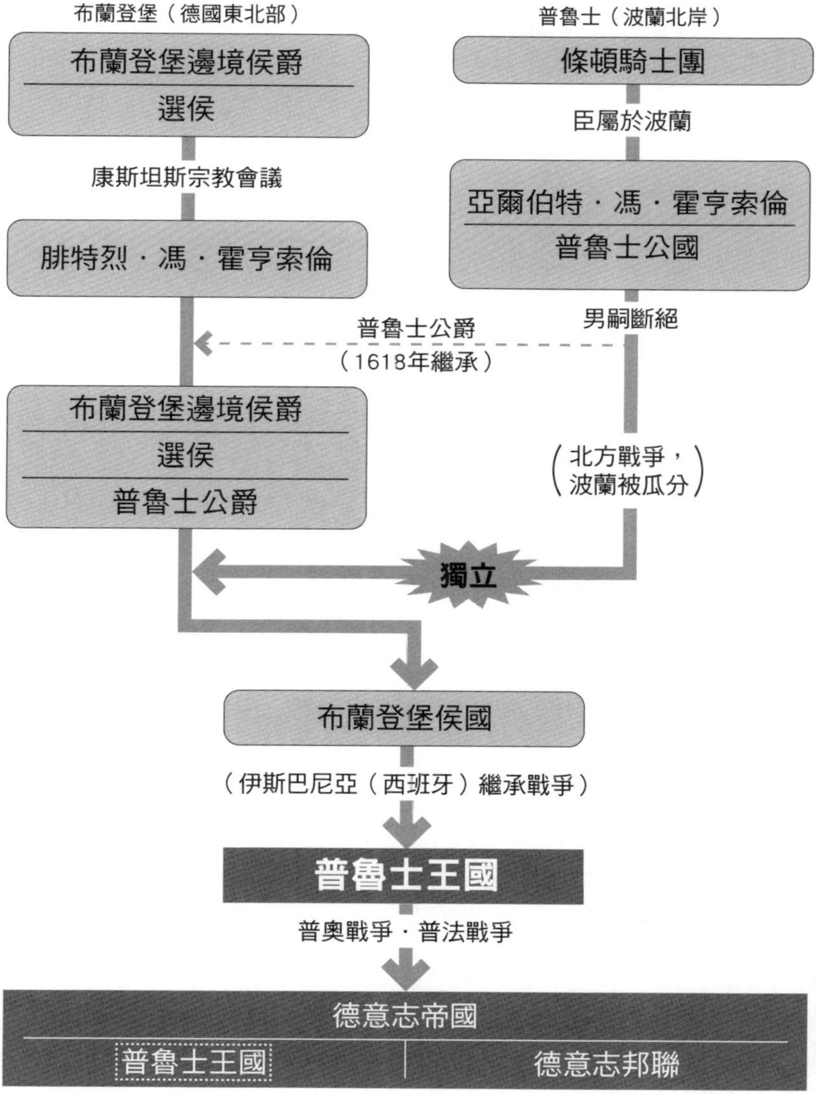
布蘭登堡（德國東北部）
普魯士（波蘭北岸）
布蘭登堡邊境侯爵
選侯
條頓騎士團
臣屬於波蘭
康斯坦斯宗教會議
亞爾伯特．馮．霍亨索倫
普魯士公國
腓特烈．馮．霍亨索倫
男嗣斷絕
普魯士公爵
（1618年繼承）
布蘭登堡邊境侯爵
選侯
普魯士公爵
北方戰爭，
波蘭被瓜分
獨立
布蘭登堡侯國
（伊斯巴尼亞（西班牙）繼承戰爭）
普魯士王國
普奧戰爭．普法戰爭
德意志帝國
普魯士王國
德意志邦聯

第 1 章

何謂「戰爭」？

1 戰爭是暴力的行為

●戰爭如同（個人的）決鬥。
●戰爭是打倒敵人，使之屈服於我之意志的暴力行為。
●戰爭就是無限制行使暴力的行為。

克勞塞維茨為「戰爭」所下的定義：「如同決鬥，是打倒敵人、使之屈服於我之意志下的暴力行為。」

因此，如同暴力行為的戰爭，就是由以下三種要因構成的暴力行為。

▼暴力行為本身具有規模擴大性（escalate）。
▼行使暴力的雙方皆有打倒對方的意圖及情緒。
▼對於對手的出招懷有臆測。

暴力行為具有無限制擴大的特性，歷史上真的曾經發生過不消滅敵人、誓不竭兵的戰爭嗎？答案是肯定的。前後發生三次，打了近一百二十年的羅馬對迦太基（Carthage）的「布匿戰爭」（Punic Wars，B.C.264～B.C.146），就是最好的例子。Punic是「迦太基」的拉丁讀音。

當時統治西西里島的羅馬，向被稱為地中海女王國、非常富裕強大的迦太基宣戰，因而爆發了第一次的布匿戰爭（B.C.264～B.C.241）。結果，羅馬出乎意料的贏得勝利。

接著，執著向羅馬報復的迦太基伊斯巴尼（西班牙）年輕總督漢尼拔（Hannibal，B.C.247～B.C.183）將軍發動了第二次的布匿戰爭（漢尼拔戰爭）。漢尼拔從一開始的「坎尼會戰」（Battle of Cannae），到後來的各大小戰役連戰皆捷，逼得羅馬大軍節節敗退。但是卻因為軍隊後勤無力，消耗過多的戰力而敗北。

❖殘酷的和解

因第二次布匿戰爭所簽署的談和條件，對迦太基而言，是非常殘酷的。

一、迦太基割讓所有的海外領土。

二、賠償一萬泰倫多銀兩作為年賦，分五十年支付。

三、除了十隻小型艦之外，其餘所有軍艦及戰象全部交給羅馬。

迦太基

位於北非，腓尼基人所建的殖民都市。自祖國腓尼基滅亡之後，迦太基即靠著卓越的航海技術和通商本事，成為當時首屈一指的經濟強國，被稱為「地中海女王」。為了爭奪地中海霸權，花了一百二十年的時間和羅馬宣戰，爆發三次布匿戰爭。結果在第三次的布匿戰爭（B.C.146）被滅亡。

四、無羅馬的許可，不許和他國開戰。

但是迦太基仍然在困境中力圖復興。在第二次布匿戰爭後的第十四年（B.C.187），迦太基一口氣將所剩的三十六年份約七千二百泰倫多一次付清，讓羅馬甚為驚愕。曾到迦太基視察的羅馬監察官波爾基烏斯．凱托（Marcus Porcius Cato，B.C.234～B.C.149）震驚於迦太基的繁榮景象，立刻回國向元老院報告，他非常擔心迦太基的繁榮將會引發第二次及第三次漢尼拔戰爭，於是大聲疾呼：「迦太基家家戶戶掛著無花果籠，無花果結滿了豐碩的果實。這個富裕的國家就近在咫尺，非滅不可（Delenda est Carthago）！」

此後，凱托成了滅迦太基論的激進份子，只要有機會，他一定高分貝呼籲消滅迦太基。而且每一場會議都以「Delenda est Carthago!」作為結尾。

❖迦太基的無妄之災

討伐迦太基的聲浪在羅馬吵得沸沸揚揚，但是古代還是講究國際社會正義的。儘管羅馬對迦太基的經濟威脅相當反感，但也無意攻打毫無敵意的迦太基。此後，羅馬即不斷地挑釁無一絲戰意的迦太基，並玩弄各種卑鄙手段，企圖製造開戰的藉口。

首先，羅馬煽動迦太基的鄰國努米底亞王國（Numidia）入侵迦太基，忍無可忍的迦太基於是對努米底亞開戰。這一開戰，形同違背第二次布匿戰爭所簽署的「無羅馬的許可，不許和他國開戰」的條款，羅馬於是介入戰爭，並製造更多的難題讓迦太基亂了陣腳——羅馬俘虜迦太基貴族的三百名子女為人質，接著藉「為貴國的安全及保障羅馬為考量，一切無用的武器皆需繳出」，沒收了迦太基所有的武器，包括：鎧、盾、槍、劍等一式二十萬組及二千基的投石機。

解除迦太基的武裝防衛後，羅馬終於露出了真面目，以迦太基經常鬧事有損地中海和平為由，逼迫以海洋國家之姿進出國際的迦太基放棄現有的迦太基城，領土往陸地退十二哩（一哩等於一．六公里）。此舉對於仰賴海洋通商的迦太基，形同死路一條。

這時，迦太基才發現羅馬的企圖，於是決定展開殊死戰而開始備戰。他們拿神殿、家中所使用的鐵，製造劍、槍，用屋頂的鉛板製造石弩的子彈，再剪下女人的長髮作為弓弦、石弩的彈簧等，不多久即重建強大的戰備力量。西元前一四九年，第三次布匿戰爭就此展開。

將命運全寄託在這場戰爭的迦太基，上上下下齊心團結奮勇抗敵，不斷重挫羅馬的軍力。

此時，羅馬起用了一名智勇雙全的年輕將軍西庇阿．埃米利安努斯（Aemilianus Africanus Minor Numantinus，B.C.185～B.C.129）為指揮官。他放棄之前的武力攻擊，改以包圍迦太基城、讓待在城中的軍民活活餓死。

西元前一四六年一月，羅馬軍終攻破城壁，展開七天七夜、犧牲七十萬市民的大屠殺，前後三次、長達一百二十年的布匿戰爭終於落幕。

❖最可恥的戰爭

羅馬元老院命令西庇阿徹底剷除迦太基以絕後患。於是有「地中海女王」之稱的迦太基，經過了大火十七晝夜的焚燒後，從此從歷史中消失。

第三次的布匿戰爭，皆源自羅馬邪惡的計謀及行為，被稱為「史上文明國所引發的最可恥戰爭」。

在太平洋戰爭末期，每位從事和平工作的人都衷心祈求「無論如何都不希望看到結果如同迦太基式滅亡」。

完全打倒對手的戰爭

（布匿戰爭：羅馬 VS 迦太基）

第1次布匿戰爭

＊爭奪西西里島的統治權　＊弱小國羅馬VS強大國迦太基

●羅馬獲勝　●得到西西里島、薩丁尼亞

↓

第2次布匿戰爭（漢尼拔戰爭）

＊漢尼拔的羅馬復仇戰　＊連戰連勝（義大利半島）
＊缺乏本國的後勤支援

●漢尼拔敗北（札馬之戰）　●迦太基投降　●鉅額賠款

↓

迦太基以驚人的速度復興

深深威脅羅馬

（羅馬決定討伐迦太基）

↓

殘酷的挑釁與刁難

●搶奪人質　●押收武器　●強迫轉移內陸

引起迦太基的憤怒

↓

第3次布匿戰爭

●迦太基善戰　●羅馬軍斷其軍糧

迦太基投降

↓

迦太基被消滅

●迦太基城完全被破壞　●倖存者貶為奴隸

2 政治支配戰爭

●戰爭的無限擴張性，會因現實的任何因素而緩和。
●現實世界因排斥觀念上的無限擴張及抽象，而依循蓋然性的推測。
●現實世界的戰爭會因某些重要因素而中斷。

觀念中，戰爭應該會因敵我不斷攻擊而無限擴大。但事實上，戰爭會因為以下各種因素，也就是克勞塞維茨所說「政治上的各種問題」而受到抑止或緩和。

▼戰爭不是獨立／孤立的行動（受國家影響＝受政治的制約）。
▼戰爭不會一次即告終結（沒有理由碰碰運氣或孤注一擲）。
▼戰爭結束後的思維（之後的政治打算等）。

換句話說，戰爭受政治操控的成份極大。現在我們就來看一個克勞塞維茨所說

「被政治所操控之戰爭」的具體例子。

❖冷戰時代的軍備擴張競爭

德國、日本相繼投降後，第二次世界大戰終於結束。和平看似就要來臨，卻因蘇聯史達林的貪婪而告瓦解。史達林背棄了「雅爾達會談」（Yalta Conference）所做的一切決定，擁立東歐國家的共產主義，並將東歐各國當成阻隔西方的衛星國，在東、西國家之間築起一座防壁高牆。另外，他還支援伊朗、土耳其、希臘的共產勢力，令他們發動內戰，企圖使共產勢力滲入各地。

為了對抗史達林，美國總統杜魯門（Harry S. Truman，1884～1972，美國第三十三任總統）表明強烈反共立場，於是藉〈歐洲復興計劃〉（馬歇爾計劃，Marshall Plan）孤立共產主義。於是以美國為首的「北大西洋公約組織」（NATO），和以蘇聯及其衛星國家為主的「華沙公約組織」（WTO）就像是阻隔東西方的兩扇門，形成對立。這就是「冷戰」（cold war）。

在冷戰的時代背景下，美國和蘇聯為增強自己的核戰力量，展開了軍備競爭。具體的行動包括：

▼開發更強的核子兵器；

雅爾達會談

1945 年 2 月，美國總統羅斯福[1]、英國首相邱吉爾[2]及蘇聯首相史達林在克里米亞半島的雅爾達地方所舉行的秘密會談。此三巨頭在會議中以建構第二次世界大戰後的世界新秩序為主題，協商成立國際聯合組織、宣布解放歐洲、處理德國等問題。

[1] 羅斯福。Franklin Delano Roosevelt，1882～1945，美國第三十二任總統。

[2] 邱吉爾。Sir Winston（Leonard Spencer）Churchill，1874～1965，英國政治家、作家和保守黨首相。

▼自由主義陣線和共產主義陣營因互不信任而導致相互憎惡。
▼因對方的戰略、意圖不明確而相互充滿臆測。

總之，冷戰的世界像極了克勞塞維茨所說的觀念中的戰爭世界。雙方的軍備戰爭，除了核子彈頭的開發，連搬運的手法和其他相關的配套都在競爭的行列中。如：裝配了核子彈頭的洲際彈道飛彈（ＩＣＢＭ）、中程彈道飛彈（ＩＲＢＭ）及裝備了潛艇發射的彈道飛彈（ＳＬＢＭ）的彈道飛彈潛艇（ＳＳＢＮ）、搭載了核子炸彈的戰略轟炸機等，隨時保持備戰狀態。真可謂是恐怖的時代。

但是，這項無上限的軍武競爭，不久之後也遭到了控制。其原因就是克勞塞維茨所說的政治情勢，包括：

▼過於擴張的核子武器，嚴重威脅地球的存亡。
▼過於膨脹的核子戰力，形成軍事費用的沉重壓力。

於是，美蘇兩國開始對互不信任所造成的軍武擴張及軍事管理，緊急煞車。

❖冷戰因利害關係而終結

一九五三年，史達林猝死，繼位的赫魯雪夫[1]立即進行「融雪政策」，及之後承繼其位的布里茲涅夫[2]推行「緩和政策」（detente），讓世人以為見到了緩和形勢的一線曙光。沒想到，一九七九年十二月蘇聯入侵阿富汗，東西兩陣營又回到過往的對立關係。

一九八五年，冷戰的救世主終於登場，年輕的蘇聯共產黨書記長米海爾·戈巴契夫（Mikhail Sergeevich Gorbachev）。由於布里茲涅夫晚年政權傾頹，早已呈現臨死前掙扎的痛苦模樣，蘇聯交到戈巴契夫手上時，戈巴契夫才五十四歲。究其原因，有如下幾點：

▼軍事費用占GNP的百分之二，形成經濟壓力。
▼內政的荒廢、鬆弛，讓犯罪、毒品、酒精中毒犯罪事件層出不窮。
▼官僚政治僵硬、腐敗。
▼被稱為諾門克拉茲（nomenklatura）的特權階級霸占權富。

於是戈巴契夫即藉有名的「改革政策」（perestroika），力圖振興荒廢至極的蘇聯。首先，他應用情報公開（glasnost）及民主化，為國家注入一股活潑的自發力量重振內政，再藉「新思考外交」，改善和西方各國、尤其是美國的關係。這一步棋，對於當時正為「雙胞赤字」苦惱萬分的美國雷根總統[3]而言，無疑是及時雨。

戈巴契夫的新思考外交，在馬爾他會談時成績更是大放異彩。一九八九年二月，蘇聯自阿富汗全面撤軍，同年的十二月，戈巴契夫和美國總統布希[4]在馬爾他島（Malta）展開會談。會談中，雙方對冷戰的終結、協調及相互依存的關係，得到進一步的確認，並對懸宕已久的〈戰略兵器削減條約〉（*Strategic Arms Reduction Treaty*，簡稱START）及〈歐洲傳統武力條約〉（*conventional forces in Europe*，簡稱CFE）取得百分之九十的共識。

另外，戈巴契夫還答應廢除統治並束縛東歐各國的「布里茲涅夫政策」（Brezhnev detente），而布希則答應支援「改革政策」。這一談，自雅爾達會談破局後，為史達林、杜魯門而開始的冷戰畫下句點。

這就是一個因相互不信任而開始無限制的擴充軍備，進而為地球帶來被核子武器毀滅的危機，即藉由克勞塞維茨所說的各種政治情勢，例如地球毀滅的危機感、避免核戰的輿論、軍事費用過度膨脹的重壓及良心等等，而受到控制及迴避的最好例子。

---

1 赫魯雪夫。Nikita（Sergeyevich）Khrushchev，1894～1971，前蘇聯共產黨領袖，部長會議主席；實行非史達林化政策以及與西方國家和平共處的政策。

2 布里茲涅夫。Leonid Ilich Brezhnev，1906～1982，原蘇聯共產黨總書記、最高蘇維埃主席團主席。

3 雷根。Ronald Wilson Reagan，美國第四十任總統，共和黨，曾為電影演員。

4 布希。George（Herbert Walker）Bush，美國共和黨員，雷根政府的副總統，美國總統。

冷戰及其終結

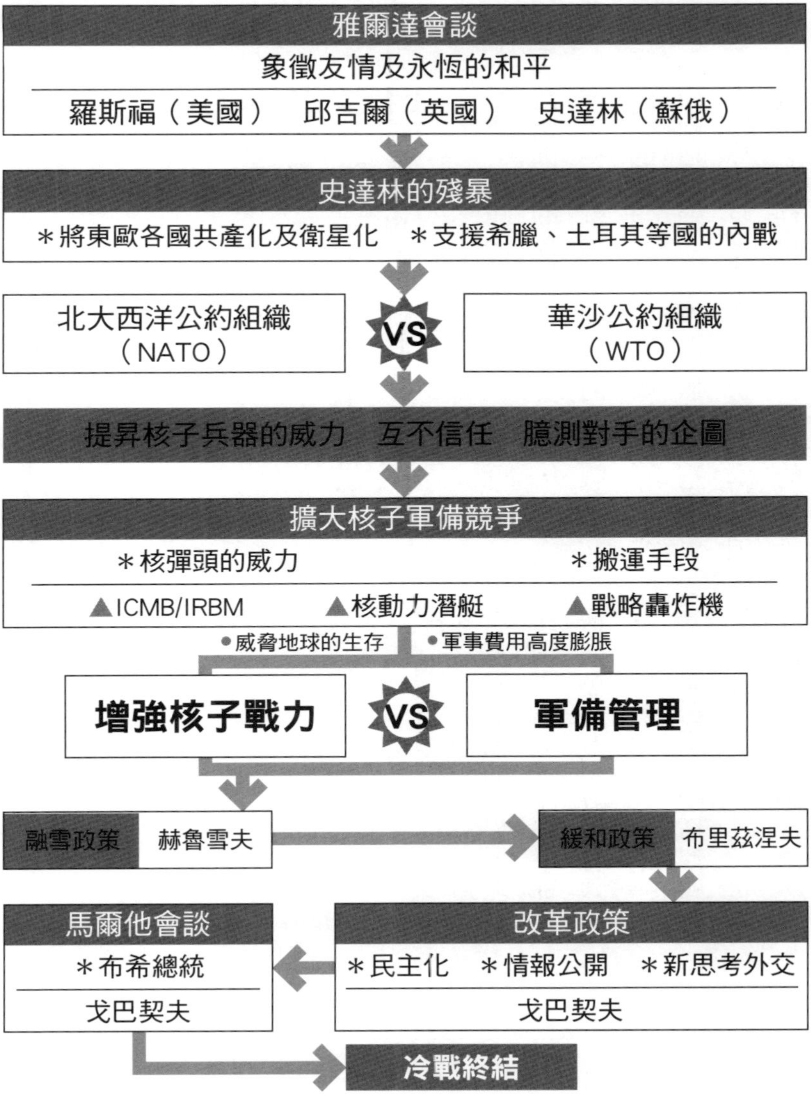
雅爾達會談
象徵友情及永恆的和平
羅斯福（美國）　邱吉爾（英國）　史達林（蘇俄）
史達林的殘暴
＊將東歐各國共產化及衛星化　＊支援希臘、土耳其等國的內戰
北大西洋公約組織
（NATO）
VS
華沙公約組織
（WTO）
提昇核子兵器的威力　互不信任　臆測對手的企圖
擴大核子軍備競爭
＊核彈頭的威力　＊搬運手段
▲ICMB/IRBM　▲核動力潛艇　▲戰略轟炸機
●威脅地球的生存　●軍事費用高度膨脹
增強核子戰力
VS
軍備管理
融雪政策　赫魯雪夫
緩和政策　布里茲涅夫
改革政策
＊民主化　＊情報公開　＊新思考外交
戈巴契夫
馬爾他會談
＊布希總統
戈巴契夫
冷戰終結

3 戰爭不會有兩個目的

●戰爭有兩種型態。
●一、以打倒敵人為目的。
●二、以占領敵人國境內某一領土為目的。
●這兩個目的完全獨立，並無衝突。

在前面我們提到，戰爭不論在理論上或觀念上，都具有無限擴大的特性，但是現實中，卻受到政治因素的控制。在這一節中，克勞塞維茨則更進一步將戰爭細分為兩種型態。一種是「以打倒敵人為目的」的戰爭，另一種則是「占領敵對者國境內某一領土為目的」的戰爭。以現代兵學的說法就是，不是「殲滅敵軍」就是「占領重要地區」。而兩種型態的戰爭，絕無議價空間。若是當權者對選擇兩種型態的戰爭搖擺不定，不但無法有效運用強大的戰力，更會因此走向毀滅。

二次世界大戰中，納粹德國（第三帝國）的總統希特勒在對蘇聯的戰役中，立場和國防軍首腦相互矛盾即是血淋淋的例子。

在「殲滅敵軍」和「土地占領」中二擇一

希特勒對蘇聯的戰略目標，和國防軍首腦的看法是完全對立的——到底是要「殲滅敵人」還是要「占領要區」。

希特勒的目標是要確立德國人的生存圈（Lebenslum）。他希望擁有烏克蘭的穀倉、頓內次盆地的煤炭及重工業、卡夫卡斯及波羅的海的制海權。換句話說，他要占領波羅的海南北的重要地區。在希特勒的構想中，認為德國人是優秀的民族，而斯拉夫人則是劣等民族，所以德國人應該將斯拉夫人當作奴隸，將其殖民化，並徹底犧牲他們以建立富庶繁榮的第三帝國。

加上軍隊和蘇聯有極為親密的關係。當德國受限於〈凡爾賽條約〉，軍備受到嚴格管制時，德國國防軍即根據〈拉巴洛條約〉（rapallo[1]）中的秘密條款，在蘇俄境內進行機甲部隊、航空部隊的訓練，甚至連戰機的生產也在蘇俄境內進行。對於蘇聯內情非常了解的國防軍首腦，看似不機靈，其實對蘇聯深不可測的軍事實力一清二楚。

此外，國防軍所信奉的戰爭理念，即為克勞塞維茨所提倡、名參謀總長毛奇（Helmuth Karl Bernhard von Moltke, 1800～1891）所確立的——殲滅敵軍。也就是藉由殲滅敵軍以達到戰爭的目的。希特勒所期許的占領重要地區戰略對國防軍而言，

第三帝國

希特勒率領的納粹德國之正式名稱。指繼神聖羅馬帝國、以普魯士為中心的德意志帝國之後，由德國人所領導的第三個羅馬帝國。此一帝國企圖統治他們視為劣等民族的斯拉夫人及猶太人等，並犧牲他們的權益以繁榮日耳曼民族。

無疑是邪魔歪念。他們認為除了進攻莫斯科，將蘇聯的主力軍誘出一舉殲滅之外，其他戰略皆毫無勝算。

但是希特勒對此看法卻一笑置之，認為國防軍高估了蘇聯的實力。他認為史達林的專制恐怖政治，早就讓蘇俄人民怨聲載道，因此斷言：「我們只要開啟戰爭的大門，蘇俄腐朽的屋脊自會應聲而倒。」

❖採取愚蠢作戰策略的德軍

希特勒與國防軍首腦的爭執，最後在性喜奉承阿諛的國防軍最高司令部（OKW）長官凱迪爾元帥的斡旋下，雙方妥協——另定一個三面作戰策略，為此次戰爭的作戰計劃。

①列寧格勒正面……占領波羅的海三小國、確保波羅的海的制海權……占領要區
②莫斯科正面……誘出蘇聯主力軍，予以擊滅……殲滅敵軍
③烏克蘭正面……確保烏克蘭穀倉及卡夫卡斯的石油物資等等……占領要區

一九四一年六月二十二日，希特勒終於發動巴巴羅薩行動（Unternehmen Babarossa）。作戰初期，三面作戰計劃進行得極為順利，但是希特勒卻在這個時候，

將作戰目標從攻打列寧格勒及烏克蘭改為直接進攻莫斯科，對三面作戰計劃的內容做了大幅修正。希特勒再三更改作戰計劃的舉動，給了蘇聯軍力圖大舉反攻的準備期。

透過駐日德國大使情報顧問索爾格（Richard Sorge）的報告，史達林知道日軍無意參與對蘇的戰爭，於是將原駐守於西伯利亞的三、四個師團的精銳部隊及約一百個師團的新兵力，全數投入莫斯科戰線，全面發動攻擊。除了調動這些兵力之外，蘇俄還擁有其他豐富的人力資源、烏拉爾以東的重工業兵器生產、美英的軍事協助等等。易言之，其所經營的基礎實力已逐漸顯露。

該年的十二月初，負責從莫斯科正面攻擊的德軍，被蘇聯新兵所發動的大反擊打得潰不成軍。面對此一危機，陸軍總司令部（OKH）及在前線指揮的指揮官們，紛紛提出先退守而後重整的建議。但是希特勒卻一口氣撤掉陸軍總司令馮．布拉希奇，以及北方、中央、南方各軍團司令官馮．雷普、馮．波克，還有馮．倫多修迪特等四大元帥，以及身經百戰的機甲軍團司令官格迪利安、赫普納兩位上級將官，自任陸軍總司令，命士兵死守戰線。

❖意見不一造成德軍戰敗

德軍雖然曾經歷經奇蹟式的復甦，但是希特勒指揮作戰時，對陸軍統帥流露出

索爾格

出生於格魯吉亞（Georgia，蘇聯加盟共和國）的德國新聞記者，實為蘇聯的間諜。到日本之後，深得德國大使奧圖的信任，成了近衛文磨首相身邊的人。德蘇戰爭開打時，以「南進論」説服近衛首相，使日本無意參與這場戰爭，暗中協助史達林。1941 年遭到檢舉，隨後被判處死刑。

嚴重的不信任及輕蔑感，後來更無視陸軍首腦的存在，恣意埋首於自己所認定的作戰計劃，釀成「史達林格勒攻防戰」（Stalingrad。Volgograd的舊稱）的悲劇。在蘇聯軍隊頑強抵抗、反擊，在德國第六軍投降後落幕。眾所周知，這次的攻防戰，德軍由攻變成守，蘇聯則從守變成攻，兩方易位的結果，造成了引爆第二次世界大戰的一大轉機。

希特勒和國防軍之所以意見不一致，是因為他們對於克勞塞維茨所倡導的「殲滅敵軍」、「占領要區」兩種目標各持己見、互不相讓。正符合克勞塞維茨所說——這兩種戰爭目標是毫無折衝空間的。

在戰爭史上，「如果」這兩個字是禁詞。我們從結果來看，希特勒的「獲得生存圈」等於以占領要區為最終目的／最後目標。而這個目標照理說，不就是應該藉著國防軍卓越的戰力以殲滅敵軍為手段，才能達成嗎？

希特勒和國防軍的戰爭目標不一致

（是要殲滅敵軍？還是占領要區？）

在巴巴羅薩行動中更改目標

	① 1941年 6～8月	② 8～9月	③ 10月初	④ 10～12月	**最終目標**
北翼 (北方軍集團)	占領波羅的海三小國 →	→	包圍列寧格勒 3.4PZG	3PZG →	列寧格勒
中央 (中央軍集團)	史摩倫斯克會戰 →	4PZG 停止 2PZG	布涼斯克會戰 →	→	莫斯科
南翼 (南方軍集團)	→	奇耶夫會戰(KEIV) →	1.2PZG 掃蕩烏克蘭	1PZG	烏克蘭 ↓ 卡夫卡斯
當前的作戰目標	波羅的海 三小國 白俄羅斯 烏克蘭	列寧格勒 烏克蘭	莫斯科	列寧格勒 莫斯科 卡夫卡斯	

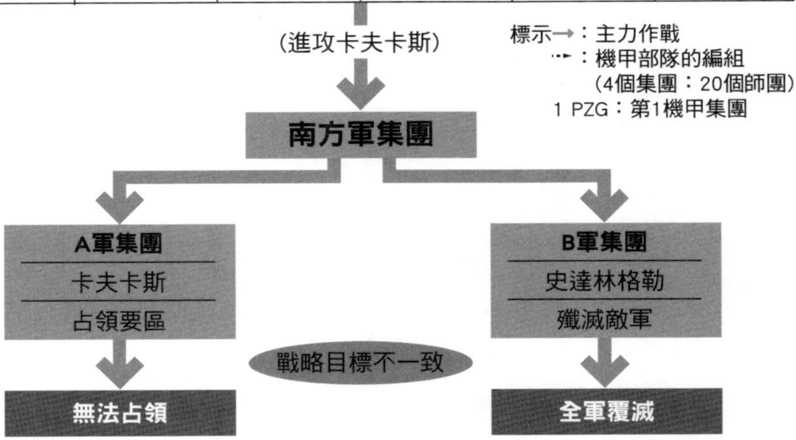

4 戰爭就是以其他的手段延續政治

- 戰爭是被政治的動機所喚起。
- 因此，戰爭是政治的行為，也是進行國家意志的政治手段。
- 所以戰爭只不過是政治以其他手段延續的行為。

《戰爭論》中最有名的一句話——戰爭就是政治以其他手段延續的行為。

在日本的戰國時代，有位名將將這句話實踐得淋漓盡致，他就是織田信長[1]。織田信長的座右銘為「天下布武」[2]，其中的武字即為止戈，也就是消弭爭戰之意。他的理想，也可說是他的目的，為了達到「天下布武」的政治目的，織田在整個過程中巧妙地將戰爭及政治分開應用。

其中最典型的例子，就是對武田的戰略。甲斐猛虎武田信玄[3]被叱吒風雲的織田信長視為宿敵。

❖織田信長的政治手段——將戰爭和政治分開

永祿八年（一五六五年）春天，信長派長老織田掃部助到甲斐，說服信玄放棄以仁義之師的名義攻打鄰國美濃，並趁機提議「為加深兩人之間的情誼，收信長妹婿遠山友勝的女兒為養女，並嫁予四郎勝賴[4]為妻」，藉由姻親關係結成同盟。二年後（永祿十年），勝賴的妻子生下太郎信勝後，因難產而過世。

此時信長又有新的主意。他馬上向信玄表示希望能讓信玄最小的女兒——當時只有五歲的松姬，嫁給自己的嫡子奇妙丸，也就是織田信忠[5]。這樁小兒女的婚事因此成立。這段期間，信長每年都會派遣使者慎重地問候信玄，並贈厚禮悉心照料。其用心良苦的程度，讓人不禁為之動容。

但是懷抱「天下布武」大志的信長，並不是因為親善而和信玄結盟。反之，他怕極了信玄。在政治、外交、軍事上都表現得深不可測的信玄，總讓信長覺得像進得去出不來的山中湖泊，處處充滿著陰森的魔力。不過，信長低聲下氣、卑躬屈膝的態度，的確巧妙地拉攏了老狐狸信玄。其政治手腕著實令人刮目相看。

織田和武田的同盟關係，直到信長先信玄一步來到京都，讓信玄對信長產生反感，並在一向對信長不滿的足利義昭將軍[6]向信玄獻策之後，才走向不可收拾的局面。

✣截斷重重包圍網

元龜三年（一五七二年）十月，信玄終於領三萬五千大軍北上京都。

在這趟北上的戰鬥，信玄充分發揮了他的政治外交才能。他不但策動義昭將軍，還說服了越前的朝倉義景[7]、北近江的淺井長政[8]、石山本願寺、中國的毛利輝，對信長布下天羅地網，並應用長島一揆、美濃要衝岩村城的攻略之戰，將信長困如袋中之鼠。

這一切，讓信長也以為自己大勢已去，萬事休矣。但是精明的信長也不是省油的燈。他指揮同盟者德川家康[9]絆住強敵，自己則傾全力突破包圍。在形勢上註定吃虧的家康，在「三方原之戰」果然吃了敗仗。信長則趁機發揮政治才華，以朝廷的力量恫嚇義昭將軍，一步步截斷嚴密的重重包圍。

不久之後，信玄駕鶴西歸。信長故意刺激其子勝賴，等待他將戰力向外伸展。天正三年（一五七五年）五月，信長在「長篠之戰」，應用槍枝的新戰術，終於擊潰日本史上最強的武田騎兵團。這場戰役，使赫赫有名的武田家淪為三流的軍事國。但是信長並未趁機給予武田家致命的一擊，因為他還是很害怕武田家。長篠之戰過後五年，信長終於等到了消滅武田家的機會。

長篠一戰大敗後，勝賴起用若干年輕的部將重建軍團，並迎娶關八州北條氏政[10]的妹妹為妻，締結武田與北條盟約，努力增強武田家的戰力。但是介入上杉家的戰爭，卻是勝賴的一大失策。天正六年三月，上杉謙信猝死，兩位養子景勝（謙信的外甥）和景虎（氏政的弟弟），即因內訌而持續發生爭戰。而勝賴凡事偏袒景勝，打死了和自己有姻親關係的景虎。看到自己的親弟弟被妹婿勝賴殺害的氏政，毀盟背約，和勝賴為敵。

之後，勝賴又和上杉締結了毫無實質意義的同盟關係。所付出的代價就是和織田、德川、北條三強為敵。信長非常清楚勝賴犯了致命的錯誤，但仍按兵不動，因為他對武田家真的是相當恐懼。

天正九年（一五八一年）十二月，勝賴捨躑躅崎的宅第，遷至剛築好新城的新府城。勝賴的父親信玄常說：「人即為濠溝，人即為石垣，人即為城池」，所以從不築城。信長看到勝賴已失去信心，這才確定可動手消滅武田家。

❖一舉殲滅

雖然如此，信長仍然步步為營。他先應用高度的政治力量離間武田家。信長籠絡在武田家擁有相當力量、對勝賴極為不滿的駿河江尻的城主穴山梅雪（他也是勝賴的表哥及姊夫），及勝賴的妹婿木曾福島的城主木曾義昌，說服他們背叛。

天正十年（一五八二年），信長終於發動兵力討伐武田。在木曾義昌的引路下，信長的兒子信忠從信濃主攻。以穴山梅雪打頭陣，家康從駿河、氏政從伊豆，其他

長篠之戰

天正三年，為爭奪遠江長篠城，武田以一萬五千的人馬對抗織田和德川三萬八千的聯合軍隊。織田軍以防止馬匹奔逃的柵欄及三千挺的槍枝齊發，一舉擊潰武田家的騎兵團。武田家在一夕之間淪為三流的軍事國。不過在信長發動重兵猛攻之前，武田家即已滅亡。

人馬再從木曾及飛驒助攻。武田家突然面對來自五方的同時攻擊，完全無力反擊。武田家的重臣面對此一局勢，不是逃就是投降。勝賴不得已燒了新府城而退守，可是遭重臣小山田信茂出賣背叛，終於在天目山和近臣們自殺而亡。

永祿八年（一五六五年），也就是織田與武田締結同盟後的第十七年、長篠之戰後的第七年，信長終於打倒了武田家。為了實現「天下布武」的政治目的，信長將「消滅武田家」訂為達成此一目的的最高目標。並為此長年應用政治、外交的手腕及各種戰爭削弱對手的實力，到最後再以壓倒性的武力一舉殲敵。信長此一戰略完全符合克勞塞維茨的名言「戰爭就是以其他手段延續政治」。

---

1 織田信長。1534～1582。戰國時代的武將，滅室町幕府。

2 「天下布武」為織田信長用於朱印上的印文，意為天下飛勇。織田從一五六七年十一月進入岐阜後開始使用。

3 武田信玄。1521～1573。戰國時代的武將。在三方原會戰破德川家康。

4 武田勝賴。1546～1582。信玄之子。在織田及德川的大軍逼迫下，在天目山麓自殺。

5 織田信忠。1557～1582。織田信長的長子。在本能寺之變，自殺而亡。

6 足利義昭。1537～1597。室町幕府第十五代將軍。

7 朝倉義景。1533～1573。戰國大名，常和信長交戰。

8 淺井長政。1545～1573。戰國時代武將，淀君之父。

9 德川家康。1542～1616。江戶幕府第一代將軍。滅豐臣秀吉完成統一。

10 北條氏政。1538～1590。戰國時代的武將。

織田信長對武田家的攻略

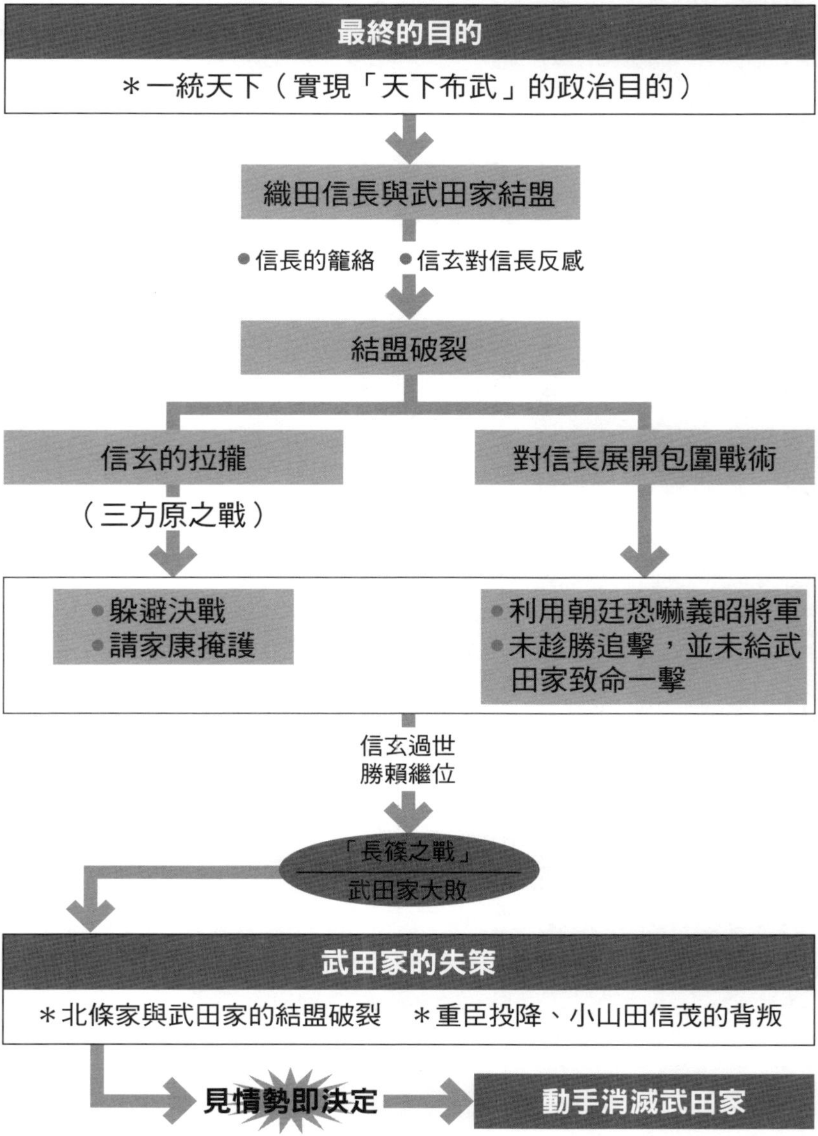
最終的目的
＊一統天下（實現「天下布武」的政治目的）
織田信長與武田家結盟
●信長的籠絡
●信玄對信長反感
結盟破裂
信玄的拉攏
（三方原之戰）
對信長展開包圍戰術
●躲避決戰
●請家康掩護
●利用朝廷恐嚇義昭將軍
●未趁勝追擊，並未給武田家致命一擊
信玄過世
勝賴繼位
「長篠之戰」
武田家大敗
武田家的失策
＊北條家與武田家的結盟破裂
＊重臣投降、小山田信茂的背叛
見情勢即決定
動手消滅武田家

5 消弭敵人的意志

● 戰爭的最終目的是打倒敵人，剝奪其抵抗力。
● 首先必須破壞敵人的戰鬥力量，占領其國土。
● 若無法使敵人的戰鬥意志屈服，有限制的戰爭不能視為結束。
● 強迫講和達到戰爭的目的，可視為戰爭的結束。

克勞塞維茨認為，就觀念而言，戰爭的目的是打倒敵人，常用的手段則是破壞敵人的戰鬥力及占領其領土。但是這麼做是不夠的，還必須進一步使敵人屈服，也就是讓敵人在媾和合約上蓋印簽章，迫使敵人全國國民投降，戰爭才算真的結束。

但是真正的戰爭卻未必能將敵人完全打倒，因此只要符合以下兩個動機，即可視講和為戰爭的目的，而適時終結戰爭。

▼推測戰爭的勝敗——當戰爭結果已經明朗化之時。
▼考慮戰力的支出——衡量戰勝或戰敗，所付出的犧牲是否和政治目的相符，

也就是考慮費用和成效之間的比例。

總之，不論戰爭是要「推測戰爭的勝敗」或是「考慮戰力的支出」，都必須做出最壞的打算，以堅決的意志奮戰到底，才能獲得勝利。第二次世界大戰中，由邱吉爾所領導的英國，就是最好的例子。

❖奮戰到底的邱吉爾

攻下法國的希特勒，不願意正面迎戰難纏的英國，頻頻以和平手段拉攏英國。但是剛毅的邱吉爾在進行演說時強調：「就算歐洲各國被打倒，英國也要奮戰到底。不論是海戰、陸戰、原野大戰，甚至巷弄街道之戰，我們都絕不投降。即使我們不願相信的事實發生了，即使我們大部分的國土都被征服了，我們仍要堅決奮戰，直到在海的彼方作戰的海外帝國臣民（英國聯邦）帶著新世界（美國）的權力及武力，來解救並解放舊世界。」斷然拒絕希特勒的聲聲召喚。

因此，希特勒擬定了「海驢作戰計劃」準備進攻英國。但是當時多佛海峽（Dover）的制海權在英國手中，頓使希特勒完全找不到發動戰爭的線索目標。就在此時，愛出風頭的德國空軍總司令葛林格（Hermann Wilhelm Goring）元帥越俎代庖出了個餿主意，認為只要發動空戰就可以使英國屈服。希特勒居然同意了葛林格的看法。

一九四〇年八月一日，在葛林格一聲令下，德國凱塞林（Albert Kesselring）元帥所領導的第二航空艦隊二千七百架戰鬥機即飛到英國領空進行轟炸。面對德國的大轟炸，英國的道丁（Hugh Dowding）將軍以七百架的戰鬥機迎擊。處於劣勢的英國空軍苦撐戰局，靠著堅決的意志力，靈活運用主力戰鬥機 SPIRITFIRE 及雷達的性能，三個月內擊墜了德國一千七百架的戰鬥機。豐碩的戰果，迫使希特勒放棄了進攻英國的計劃。

❖擊退德軍

以不屈不撓的精神營救英國的英國空軍，邱吉爾首相在會議上除了給予肯定之外，更表達了感謝之意。他說：「在人類的戰爭史中，從來不曾有過少數人解救多數人的例子……。」

英國當時的處境是孤立無援的，命運更如風中之燭，一吹即滅。如果以克勞塞維茨所說「推測戰爭勝敗」的動機看來，當時的英國應處於「大勢已定，勝敗已分」的狀態。但是英國終究以不屈不撓的愛國精神、卓越的領導才能以及敦使美國參戰的政治手腕等，擺脫了困頓的大環境，贏得了最後的勝利。

克勞塞維茨所說「只要敵人的意志不屈服，就不能視為戰爭結束」，在邱吉爾的戰爭／國家領導中得到了完美的驗證。對被稱為「不列顛戰役」（Battle of Britain）的這場航空戰役有興趣的朋友，不妨去參觀名畫「空軍大戰略」（原題 Battle of Britain）。

葛林格

希特勒的盟友，納粹的第二號領導人，任空軍總司令官。無主見，恣意任性。靠著希特勒的恩寵，生活極為奢華放蕩。大戰末期，因為垂涎總統的位置，遭納粹黨除名。在紐倫堡大審中被判死刑，行刑前服毒自殺。

邱吉爾不屈不撓的鬥志

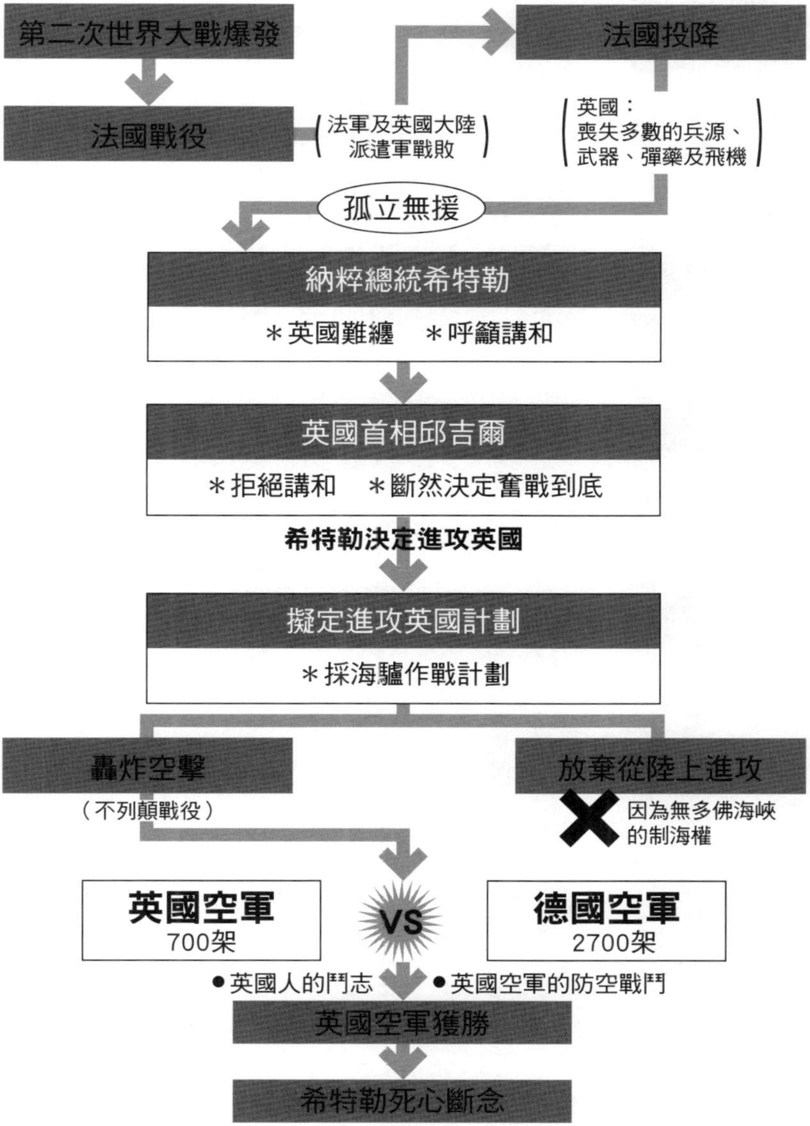
第二次世界大戰爆發
法國戰役
法軍及英國大陸派遣軍戰敗
法國投降
英國：喪失多數的兵源、武器、彈藥及飛機
孤立無援
納粹總統希特勒
＊英國難纏　＊呼籲講和
英國首相邱吉爾
＊拒絕講和　＊斷然決定奮戰到底
希特勒決定進攻英國
擬定進攻英國計劃
＊採海驢作戰計劃
轟炸空擊
（不列顛戰役）
放棄從陸上進攻
因為無多佛海峽的制海權
英國空軍
700架
VS
德國空軍
2700架
●英國人的鬥志
●英國空軍的防空戰鬥
英國空軍獲勝
希特勒死心斷念

6 領導風範是靠後天學習的

● 爆發「摩擦」是戰爭的特質，這就是實戰和紙上談兵最大的不同點。

● 摩擦之所以會伴隨戰爭發生的原因：

· 戰爭中的危險性

· 戰爭中的肉體疲憊

· 戰爭中情報的不確實

· 戰爭中的各種障礙：如偶發性、部隊行動時所遭遇的各種困難、天候等等

● 所謂的軍事天才，指具有異常素質、能在戰爭中克服以上各種摩擦的人。

和其他的兵書比較，克勞塞維茨的《戰爭論》之所以能夠大放異彩，或許是因為它是第一本談及將帥（軍隊的最高指揮官，指現代企業的ＣＥＯ）應具備的資格及條件的兵書。

❖連拿破崙也要學習

亞歷山大大帝[1]、漢尼拔[2]、凱撒[3]，還有促使克勞塞維茨寫《戰爭論》的拿破崙[4]等名將，均是戰爭史上的大人物。但在過去，歷史都把這些名將的才能視為天賦，非普通人可以模仿學習的，讓大家以為研究這些人物，對學習兵學沒有實質的幫助。

但是克勞塞維茨之所以推舉這些名將為軍事天才，是因為他們具有兩種才能。一、具有「能夠克服在戰爭中所發生之各種摩擦」的資質；二、擁有地形眼，具有「想像力、洞察力，從軍隊中發生的各種狀況中判斷情勢」的能力。這兩種才能未必是天賦，而是可以靠後天的學習和鑽研而擁有的。事實上，被稱為軍事天才的拿破崙，他卓越的軍事才華就不是天生的。

拿破崙自己曾說過，在他年輕不得志的時候，為了打發時間，曾大量閱讀亞歷山大大帝、漢尼拔、凱撒等英雄傳記，韜養自己的英雄氣概，學習戰術、戰略及和人情有著微妙關係的帶兵方法等等。

現在我們就從戰史上，舉幾個與克勞塞維茨所闡述相符的例子加以驗證。

❖具有冷靜判斷力及不屈不撓精神的漢尼拔

自漢尼拔越過阿爾卑斯山脈後，在成吉尼斯河畔、特雷比亞河畔吃敗仗的羅馬，在損失七萬的士兵之後，毅然換下如同最高指揮官的執政官（Consul）西庇阿[5]及聖普洛尼斯[6]，另外選出克尼烏斯．塞爾維利烏斯及弗拉米尼烏斯[7]，重整幾乎已癱瘓的軍隊，再新編入八個軍團，總計八萬人馬。

漢尼拔可由兩條路從北進入羅馬市。一是沿著縱橫義大利半島的亞平寧山脈西側，走亞平寧山道；另一條則是經過亞得里亞海（Adriatic Sea）岸邊的米蘭，再穿過亞平寧山脈。

因此，羅馬派弗拉米尼烏斯把守亞平寧山脈的要衝亞歷克奇烏姆，塞爾維利烏斯則在米蘭的要衝阿利米尼烏斯佈下重重的兵力。羅馬認為如此不但可以阻止漢尼拔前進，而且兩隊人馬可以相互呼應，可謂萬全的上上之策。勢在必得的弗拉米尼烏斯還因此而傳令，要下屬準備三萬個腳鐐以備戰俘之用。

但是，藉著機密情報得知羅馬軍力佈署及作戰計劃的漢尼拔，不但未中計，還準備展開一場冒險行動——踏過大沼澤進入羅馬。以亞平寧山脈為源頭，注入第勒尼安海的阿諾河上游，有一個奇亞那低地大沼澤。這塊沼澤猶如魔境，從未有人踏過。當時的氣候正值初春，冰層剛融，水量激增。漢尼拔率著軍隊走了四天三夜，寸步難行。由於沼澤瘴氣彌漫，四天三夜的行程，有近一成的士兵都倒下了。漢尼拔也因此右眼失明。但是漢尼拔並不灰心，反而更堅定意志，誓死貫徹初衷，終於成功抵達羅馬市。

對迦太基的種種，向來辛辣批判的羅馬歷史學家波利比奧斯[8]也不禁誇讚先翻

執政官

羅馬共和國最高行政執行者。由元老院從貴族及平民中各選出一名，一人一日執行國政，任期一年。同時兼任戰時最高指揮官，亦稱統領。

越阿爾卑斯山、後又突破奇亞那低地的漢尼拔。他說：「不管碰到任何的困難，漢尼拔都能保持冷靜判斷力，再以執行力實現既定目標，可謂是古今無雙的一大名將。」波利比烏斯對漢尼拔的評語，正好是克勞塞維茨強調軍事天才所該具備的條件。

漢尼拔到義大利平原後，即把從四面前來迎擊的弗拉米尼烏斯大軍誘進敵貝爾河上游的特拉西梅諾湖（Trasimene Lake）東岸的死胡同中，設下包圍網，將敵軍完全剿滅。這場戰役中，羅馬的大軍包括主將弗拉米尼烏斯在內，有一萬五千名士兵戰死，並有二萬五千名的士兵被俘。

---

1 亞歷山大。Alexander the Great，B.C.356～B.C.323。

2 漢尼拔。Hannibal。B.C.247～B.C.183。挑起第二次布匿戰爭的迦太基名將。

3 拿破崙。Louis Napoleon Bonaa。1769～1821。

4 凱撒。（Gaius）Julius Caesar，B.C.100～B.C.44，古羅馬的將軍、政治家。

5 西庇阿。R.Cornelis Scipio，B.C.237～B.C.183，羅馬將軍。

6 聖普洛尼斯。Gaius Sempronius，

7 弗拉米尼烏斯。Gaius Flaminius，B.C.265～B.C.217，羅馬將軍和共和時期的民主政治家，征服山南高盧。

8 波利比烏斯。Polybius。B.C.200～B.C.118，羅馬歷史學家。著有《Histories》（四〇卷）。

古今無雙的名將漢尼拔

（突破魔境奇亞那低地）

漢尼拔的行動

＊翻越阿爾卑斯山　＊在兩場會戰中大獲全勝　＊羅馬損失：七萬兵馬

↓

漢尼拔

進攻羅馬

VS

羅馬

重整軍隊：八萬人
以逸待勞準備挾擊漢尼拔

↓

漢尼拔的果斷

＊對羅馬所設的計將計就計　＊突破奇亞那低地

（●人煙未至魔境　●初春融雪的寒冷　●沼澤水量激增）
部將們極力反彈

↓

漢尼拔堅決執行

＊縝密判斷情勢　＊果斷一賭風險　＊堅決的執行力

↓

特拉西梅諾湖畔之戰

＊擊敗追擊的羅馬大軍　＊羅馬軍全軍覆沒：四萬人

↑

歷史學家波利比烏斯的讚美

＊冷靜的判斷力　＊不屈不撓的精神
＊近乎有勇無謀的執行力

↓

古今無雙的名將

第 2 章

如何說明「戰爭」？

1 戰略和戰術不一樣

- 戰爭就是鬥爭。
- 戰爭包括兩種——進行鬥爭的活動與為鬥爭做準備的活動。
- 鬥爭是由數個具有獨立特性的行動所組成。
- 因此，在鬥爭中會產生下列兩種完全不同的活動。
- 戰術：依個別情況進行個別戰鬥。
- 戰略：將每一場戰鬥與戰爭的目的做緊密結合。

克勞塞維茨把近代兵學的三要素明確區分為「戰略」、「戰術」及「後勤補給」（後方支援）。在這兩章中將分別詳盡說明。

「戰略」和「戰術」是不一樣的，這是一項非常重要的認知。克勞塞維茨把「戰術」定義為構成戰爭的動作，如：手段、計謀、策略。讓戰鬥和戰爭目的結合的動作，則稱為「戰略」。因此「戰略上的失誤無法以戰術挽回」，是近代兵學的基本常識。

❖以戰術取勝的珍珠港事件

一九四一年十二月八日凌晨一點三十分（當地時間為七日早上六點三十分），第一航艦隊司令官南雲忠一中將所率領的機動部隊，到達夏威夷歐胡島北方二三〇海里（一海里等於一・八五二公里）處，出動一百八十三架飛機發動第一波攻擊。緊接著，在一個小時後，再出動一百六十七架飛機做第二波的攻擊。這就是太平洋戰爭中的「偷襲珍珠港」，受到攻擊的美方這才緊急廣播說：「這不是演習。」對美國而言，這真的是一場出乎意料的轟炸。偷襲行動成功之後，攻擊隊指揮官隨後從機上發出在電影中極為有名的「TORA TORA TORA」（我們的奇襲已成功）信號。此一偷襲行動，擊沉美方四架戰艦、擊破無數停泊在港內的戰艦，還有幾乎全毀的三百餘架戰機，而日本只損失了二十九架戰鬥機。以戰術而言，可謂是海戰史上絕無僅有的大勝利。

偷襲珍珠港行動，是日本海軍聯合艦隊最高指揮官山本五十六上將（1884～1943，死後追授元帥）以一己前程作為賭注，極力說服後才得以進行。從山本給同期的海軍大臣及川古志郎上將的書信中，就明白山本偷襲珍珠港的決心。信中只寫了短短幾個字：「一開戰，猛擊敵方主力艦隊，必重挫美國海軍及美國人民士氣，使其回天乏術。」

❖以戰略的角度分析珍珠港事件

自認了解美國的山本，知道以日本的實力無法與美國進行長期作戰，所以堅決主張一開戰就要徹底摧毀美國太平洋艦隊，迫使美國海軍及人民失去戰意，進而講和。結果，實際狀況正好和山本上將的判斷相反。最大的原因是因為日本未宣戰即展開攻擊，激起了美國人民對日本的反感，群呼「Remember Pearl Harbor!」而贊成對日宣戰。

其實當時的美國總統羅斯福（Franklin Delano Roosevelt，1882～1945），是在身處劣勢的英國首相邱吉爾催促下才勉強參戰，但是大多數的美國人是反戰的。而且一九四〇年十一月，羅斯福第三次當選總統時曾答應過「絕不參戰」。

據說羅斯福當時的戰略，是想藉日美交涉故意刺激日本，讓日本在焦躁之下發動暴舉。如此一來，德國、義大利就會根據〈德義日三國同盟條約〉中的自動參戰條款而向美國宣戰，美國即可名正言順參戰。因此日本此一舉動無疑正中美國的下懷。

其實山本在攻擊珍珠港時，曾要求相關單位務必在攻擊之前，把最後通牒遞交給美國政府。但是由於駐美大使館的怠慢（因為參加調職者的歡送會），耽誤了翻譯暗碼電報的時間，以致野村吉三郎大使把電文交給國務卿赫爾（Cordell Hull）時，已是展開攻擊行動後的一個鐘頭。因此日本形同觸犯國際法，成了不被全世界諒解的國家。美國戰史研究學家莫利森博士對於這段史實，給了相當嚴酷的批評。他認

山本上將錯誤的戰略

（攻擊珍珠港的失敗戰略）

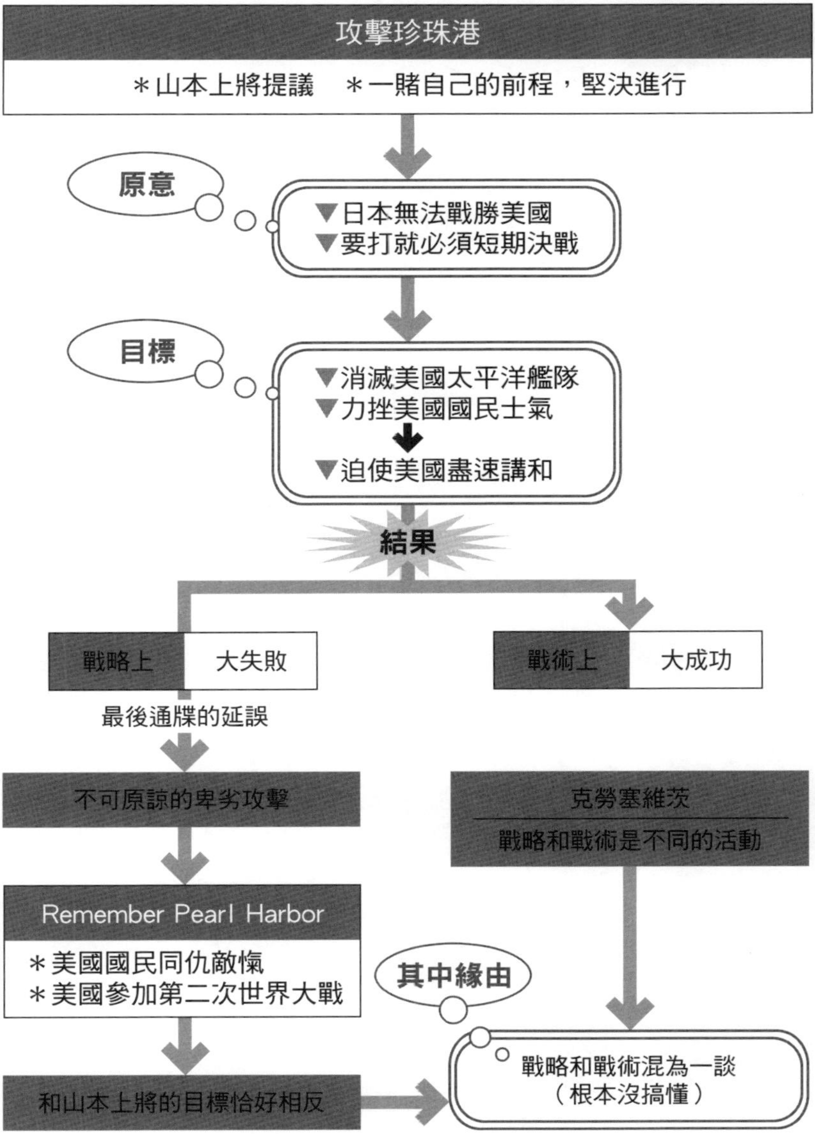
攻擊珍珠港
＊山本上將提議　＊一賭自己的前程，堅決進行
原意
▼日本無法戰勝美國
▼要打就必須短期決戰
目標
▼消滅美國太平洋艦隊
▼力挫美國國民士氣
▼迫使美國盡速講和
結果
戰略上
大失敗
戰術上
大成功
最後通牒的延誤
不可原諒的卑劣攻擊
Remember Pearl Harbor
＊美國國民同仇敵愾
＊美國參加第二次世界大戰
和山本上將的目標恰好相反
克勞塞維茨
戰略和戰術是不同的活動
其中緣由
戰略和戰術混為一談
（根本沒搞懂）

為這種背信的攻擊，的確讓美國人民決定傾全力對日作戰，而且還定十二月七日為「一個恥辱的日子」，莫利森博士說：「這次的攻擊是最差的戰略表現。」

不論如何，珍珠港事件就是典型的戰術大成功、戰略卻大失敗的例子。這個例子也印證了克勞塞維茨所說的——戰略和戰術是不相同的。

2 戰略、戰術、後勤支援三者密不可分

●戰鬥力的維持，必須經過考察。
●戰鬥力的維持，以其性質可區分為如下兩種。
●戰鬥力的維持就是戰鬥的一環。
●單純的戰鬥力之維持，會為鬥爭帶來某種影響。

戰術、戰略加上後勤支援（logistics），是構成兵法的三個要素。在這裡，克勞塞維茨所說的「戰鬥力之維持」就是指後勤支援。除了區分這三個要素之外，克勞塞維茨還更進一步將後勤支援區分為狹義的直接貢獻戰鬥及廣義的間接管理支援。

▼狹義的後勤支援——燃料、彈藥、糧食等的輸送、補給及建構陣地及機場等等。

▼廣義的後勤支援——人員的補充、教育訓練、醫療、船艦與戰機的建造維修、武器、彈藥及其他生產等等之全面的管理和支援。

後勤支援

軍事用語。可譯為後勤支援、補給陣線。廣義而言，即是包含物資補給、醫療、教育等等相關的管理。狹義的解釋就是「物流」，亦可當做商業用語。

歷史中，對後勤支援最不關心的，莫過於日本的陸軍和海軍。在日本的舊陸軍中，有首有名的打油詩內容是，「如果輜重輸卒可以編成軍隊，蝴蝶和蜻蜓也可變成飛鳥」（輜重為日本舊陸軍的一種兵種。輜重輸卒則是在輜重之下負責搬運的一種小兵，後改名為輜重特務兵）。海軍則把輜重輸卒諢稱為補給經理。

❖瓜達爾卡納爾島的悲劇

近代史上，有許多不受重視後勤支援讓士兵未戰即餓死，導致戰敗的例子。最顯著的就是瓜達爾卡納爾島爭奪戰。瓜達爾卡納爾島（Guadalcanal）是自澳大利亞北方延伸出所羅門群島（Solomon）南端的第二大島。島上叢林密佈一如日本的栃木縣。瓜達爾卡納爾島距離日本本土五千公里，距南方最前線的拉包爾港（Rabaul）亦足足有一千公里遠，如何發生導致國運傾頹的戰爭呢？

日本海軍判斷千里迢迢而來的聯合軍將會以澳大利亞作為反攻的根據地，即開始擬定「FS作戰計劃」，準備攻下斐濟（Fiji）、薩摩亞（Samoa），以切斷美國的交通路線，並且在瓜達爾卡納爾島上建設空軍基地作為日本前進的基地。八月七日，機場完成、戰鬥機隊準備進駐的前一天，美國水陸兩棲部隊在航空機動部隊的支援下，突擊瓜達爾卡納爾島。聯合國軍隊的反攻行動「瞭望台行動」（Operation Watchtower），就此展開。但是日方軍部卻誤判這次的行動只是單純的威力偵察，而

輜重輸卒

戰場上，負責輸送軍需品的士兵。相當於現代的物流關係者。對於後勤支援漠不關心的日本軍隊而言，他們根本不把這些兵視為正規軍，所以此兵種在軍中的地位甚低，不被重視。

導致之後的反攻行動陷入被動。

首先，駐守在特拉克島（Truk）的日本海軍，其中準備回國的一木分隊正好碰上這支來襲的部隊，結果全被殲滅。當時這支分隊手上有三八式步槍（明治三八年制定）的九百位士兵，面對擁有重砲、戰車的聯合國海軍部隊，跟本毫無招架之力。接著，川口分隊也受到攻擊，分隊長川口少將也因此遭到解職。

十月二十三日，和海軍主力部隊相互呼應、精銳盡出的仙台第二師團前來應戰，也吃了敗仗。

在美軍壓倒性的強大火力下，日本軍隊昔日在日俄戰爭中無往不利的白刃肉搏、刺槍突擊戰術完全發揮不了作用。於是日軍增派第三十八師團，備齊所需之重砲、彈藥，改採正攻法。仍沒發現其實問題出在後勤支援。離瓜達爾卡納爾島最近的基地拉包爾港遠在一千公里之外。即使以續航力著稱的零式戰鬥機，在瓜達爾卡納爾島上空作戰，也持續不了十分鐘。所以數次海戰交鋒的結果，讓日本損失慘重。

頓失制空權及制海權的日本，要靠船隻做大規模的運輸更是不可能。因此要將物資、彈藥運送到瓜達爾卡納爾島，只有靠驅逐艦做「少量運輸」，藉潛艇進行「地道運輸」。但量少的運輸，根本無法充分供應武器彈藥及三萬名士兵所需的糧食。

✣未戰先敗的日本士兵

瓜達爾卡納爾島因此變成了餓島，日本士兵在交戰前紛紛餓死。倖存者也因為營養失調而有體無魂。軍部見狀，放棄了奪回瓜達爾卡納爾島的計劃。在前後三次、派出六十艘次的驅逐艦進行夜間搶救行動後，終於宣布放棄。在這六個月中，日本軍方的損失如下。

（陸軍）

▼戰死──一萬四千五百五十人（含多數被餓死的士兵）

▼病死──四千三百人

▼失蹤──二千三百五十人

▼獲救的生還者──一萬三千零五十人

（海軍）

▼沉沒的艦船──包含航空母艦一艘、戰艦二艘，總計二十四艘

▼失去的戰機──八百九十三架

▼戰死的機組人員──二千三百六十七人

後來在所羅門群島，日軍為了阻止聯軍繼續北上，雙方又纏鬥了一年，日軍仍然慘敗。在這一年半的戰爭中，光是海軍的損失就有：

▼沉沒的艦船──包含航空母艦一艘、戰艦二艘，總計七十艘
▼失去的戰機──七千零九十六架
▼戰死的機組人員──七千一百八十六人

毫無後勤支援觀念的日本海軍，因為將戰線拉到自己能力所不可及的遠方，才會陷入大型消耗戰中。易言之，瓜達爾卡納爾島的悲劇，就是因為日軍超越了克勞塞維茨所說的「戰鬥力之維持」的界線才造成的。

戰鬥力的維持

（後勤支援）

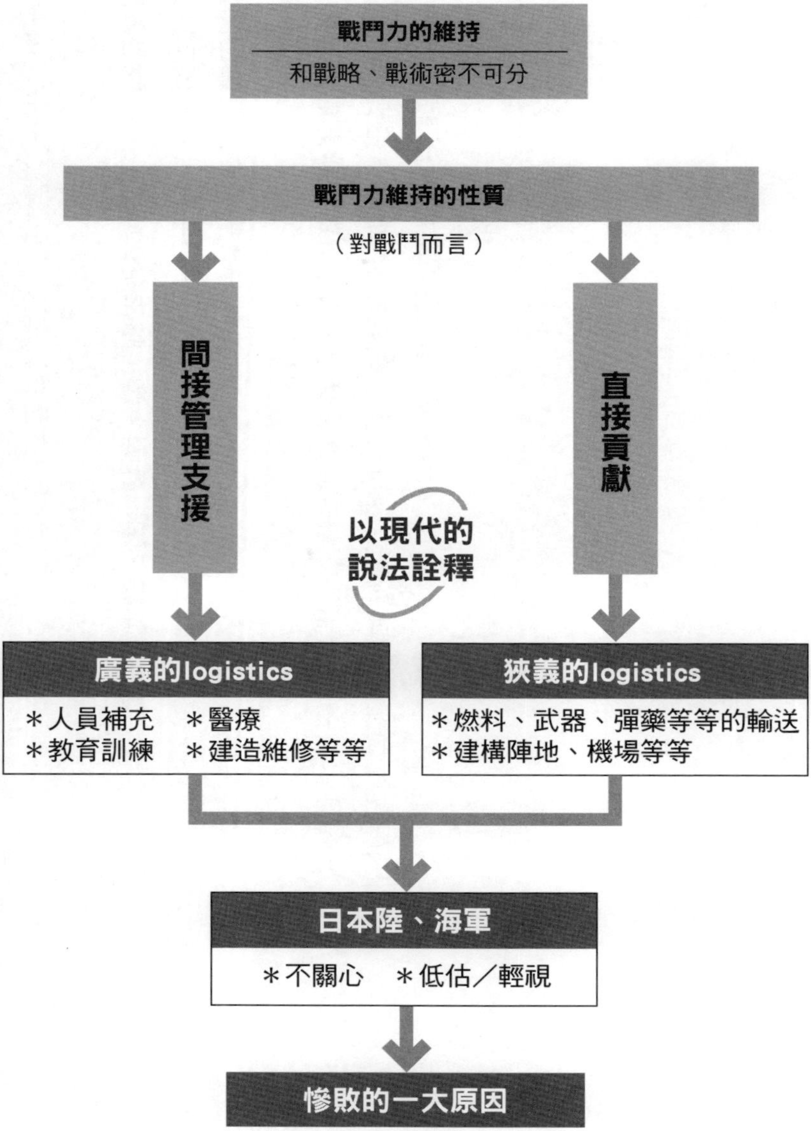
戰鬥力的維持
和戰略、戰術密不可分
戰鬥力維持的性質
（對戰鬥而言）
間接管理支援
直接貢獻
以現代的說法詮釋
廣義的logistics
＊人員補充　＊醫療
＊教育訓練　＊建造維修等等
狹義的logistics
＊燃料、武器、彈藥等等的輸送
＊建構陣地、機場等等
日本陸、海軍
＊不關心　＊低估／輕視
慘敗的一大原因

餓島的悲劇

（瓜達爾卡納爾島爭奪戰）

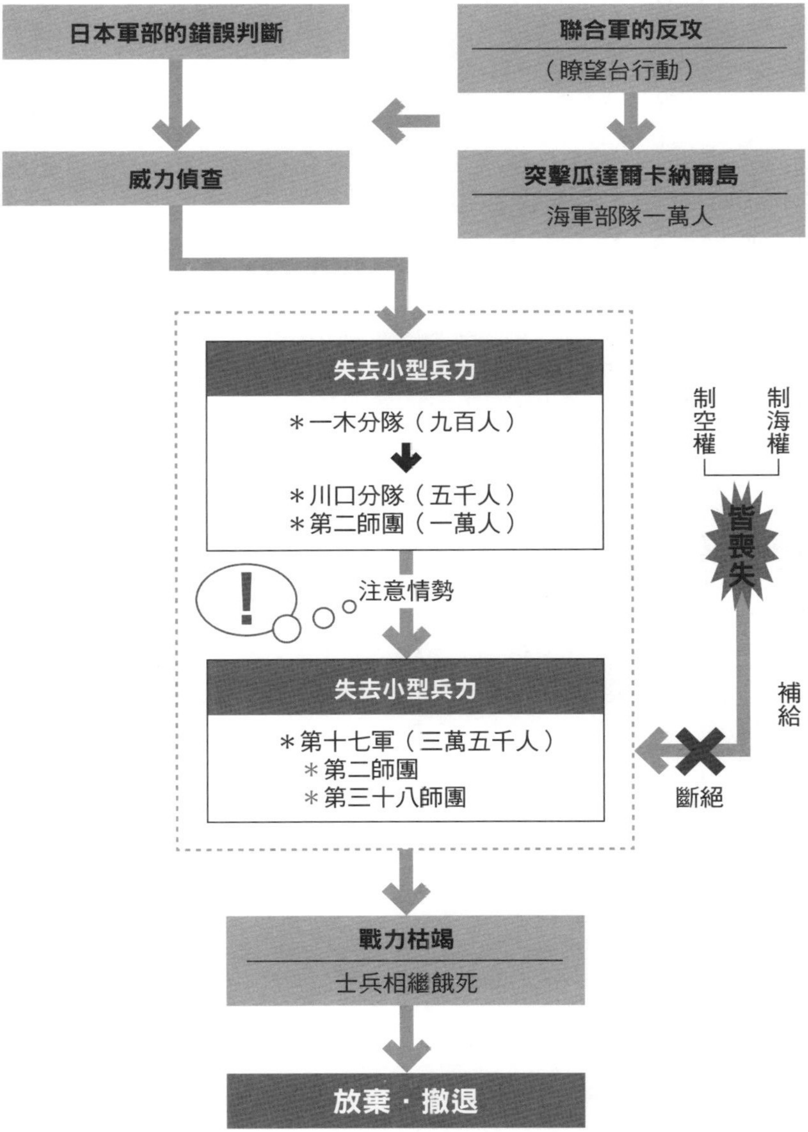

3 分階段思考戰術及戰略

- 分析目的和手段之間的差異。
- 戰術的手段，是進行鬥爭必須的戰鬥力。
- 戰術的目的是為求勝。
- 以戰略而言，手段是為了求勝，也是為了求得戰術上的成功。
- 戰略的目的是為了製造直接講和的機會。
- 戰略必須從經驗法則中篩選，通過目的及手段的檢測，再予以採用。

不論在戰場、商場，甚至日常生活中，我們常會把各行動的目的和手段混為一談。但克勞塞維茨不但將戰爭的目的及手段做明顯的區分，還奉勸大家不要混為一談。他更把手段及目的，分成戰術階段及戰略階段進行思考。這種用詞，一般人可能很難了解，所以我特別歸納整理如下。

為了達成戰略上的最終目的，必須採取某些手段（過程），讓各種戰術得以成功，並在戰術成功的情形下累積勝利。克勞塞維茨幾乎不用「目標」二字。戰略目的所用的手段，即為「戰術上的目的」，但這句「戰術上的目的」中的「目的」解釋成我們常說的「目標」，會比較容易了解。再說，思考戰略上的目的和手段時，為了不和理論相違逆，必須精研戰史，再從經驗中學習。

不論如何，將「手段和目的」、「戰術和戰略」做明確區分，不混為一談，也是身為企業經營者必須銘記在心的重要認知。

❖欠缺戰略和戰術的日本海軍

日本海軍曾經是日本人最憧憬的行業。若你問小孩子，長大後想做什麼？多數的人會回答：「我想當聯合艦隊總司令。」以數量而言，日本的海軍人數僅次於英國和美國，名列第三。日本海軍在傳統的嚴格操練下，實力號稱天下無敵，因而享有「無敵海軍」之盛名。

無敵的日本海軍，攻擊珍珠港雖獲得奇蹟式的成功，不過在該打勝仗的「中途島海戰」卻吃了敗仗。接著，爭奪瓜達爾卡納爾島開始的一連串所羅門諸島攻防戰，都極愚蠢地陷入消耗戰中，終至耗盡戰力。

之後，在來自中太平洋的尼米茲上將（Fleer Admiral Chester W. Nimitz，1885～1966，美國海軍五星上將，第二次世界大戰時任太平洋艦隊總司令）及南太平洋的

日本海海戰

一九〇五年五月二十七日至次日，由東鄉平八郎上將所率領的聯合艦隊在對馬海峽打退俄國波羅的海艦隊，贏得漂亮的一仗，結束了日俄戰爭。東鄉後來還成為世界三大提督之一。

麥克阿瑟（Douglas MacArchur，1880～1964，美國陸軍五星上將，曾任占領日本盟軍）同時攻擊下，不但丟了吉爾伯特諸島（Gilbert）、馬紹爾群島（Marshall），還失去了最大根據地特拉克島及帛琉（Palau）的使用權。另外，在「馬里亞那海戰」失利的結果，也失去了馬里亞那諸島。到底是什麼原因，讓曾經無敵的海軍成了喪家之犬？一語道破，就是「日本的海軍既無戰略也無戰術」。要究其原因，必須回溯到「日本海海戰」。

一九〇五年五月二十七日，由東鄉平八郎上將（1847～1934。日本海軍上將）所率領的聯合艦隊在對馬海峽，打贏了由羅傑斯文斯基（Zinovy）中將所率領的俄國波羅的海艦隊。獲勝的實質成果就是結束日俄戰爭。但是，這一役也是日本海軍悲劇的開始。

❖日本海軍的錯誤思考

在日本的海軍戰略中，海軍存在的目的是「獲得制海權」。為了達成獲得制海權的目的，以擊破艦隊、封鎖及阻斷敵人補給通路等等為手段。日本軍在日本海打了一場漂亮的勝仗，結束了日俄戰爭，錯把手段——擊破敵方艦隊，當成了最終目的。

之後，日本海軍的思想即來個大轉彎，認定了守在太平洋中部馬里亞那諸島附近，以大艦巨砲迎擊假想敵人美國太平洋艦隊的作戰模式。簡言之，他們相信艦隊決戰才會贏。所以，從聯合艦隊司令坐鎮指揮的旗艦到各艦隊及各戰隊，都聽命於長官的命令進行艦隊行動，一味進行夜間魚雷攻擊，並以大口徑的主砲進行砲擊戰。更為武斷的說法就是，錯把手段當目的，以艦隊決戰為至上主義的日本海軍，認為戰略和戰術是不必要的。

他們要的只是術科的成績。他們眼中只容得下和砲戰、魚雷攻擊等襲擊有關、統稱為艦隊行動的活動項目。所以他們只懂得如何使魚雷等命中率提高之戰鬥技術。而且他們被灌輸的是短期決戰的思想，對於後勤補給的觀念是一片空白。

因此，當他們面對徹底講求實戰主義，以強大的武力為後盾，懂得配合各種形勢選用千變萬化、複雜多元化的戰略、戰術、戰法的美國海軍，自然不是對手。

對於**目的**和**手段**，美國海軍又是怎麼思考與實踐呢？美國海軍進行的是嚴格的**目標管理**。「為何而戰」的念頭常駐美國海軍的腦裡。

就是把上級指揮官發派的**任務／目標**，當成是自己追求的目的，而此一目的確立作戰「目標系列」的體制。以圖式的方法說明，就是美國海軍嚴格要求「（所賦予的）使命（mission）＝目的（object，為了○○○）＋任務（task，執行）」＝「為達成指揮官的任務（目標），而貢獻自己擔任○○○」。這種作法和克勞塞維茨說的「要達成最終的戰略目標，必須採取某些手段（過程），讓各種戰術得以成功，並在戰術成功的情形下累積勝利」之將戰略和戰術、目的和手段做明確區分的思考方式如出一轍。

日本海軍無戰略

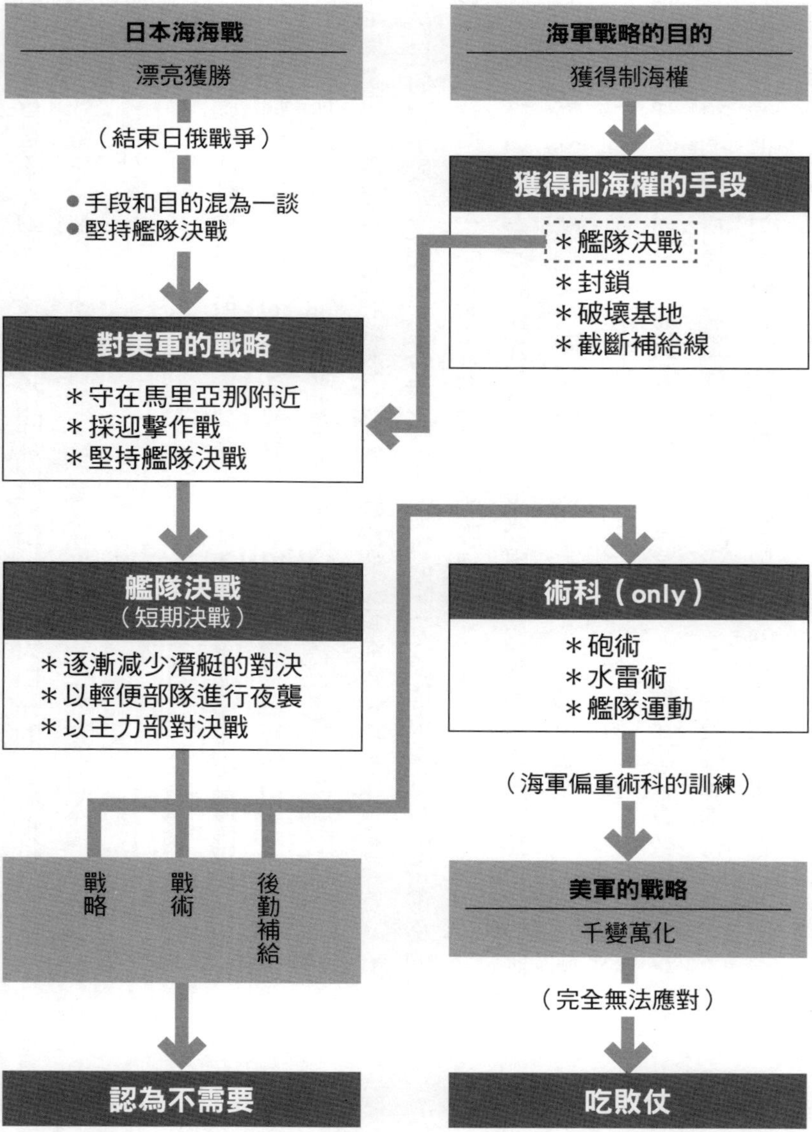
日本海海戰
漂亮獲勝
（結束日俄戰爭）
●手段和目的混為一談
●堅持艦隊決戰
對美軍的戰略
＊守在馬里亞那附近
＊採迎擊作戰
＊堅持艦隊決戰
海軍戰略的目的
獲得制海權
獲得制海權的手段
＊艦隊決戰
＊封鎖
＊破壞基地
＊截斷補給線
艦隊決戰
（短期決戰）
＊逐漸減少潛艇的對決
＊以輕便部隊進行夜襲
＊以主力部對決戰
術科（only）
＊砲術
＊水雷術
＊艦隊運動
（海軍偏重術科的訓練）
戰略
戰術
後勤補給
認為不需要
美軍的戰略
千變萬化
（完全無法應對）
吃敗仗

4 知易行難的必備常識

- 要成為一名名將，不需花多少時間，將帥本身也不需要是位學者。
- 將帥的資質並非與生俱來。
- 戰爭的知識雖單純，但要學會並不容易。
- 必須將所知轉為能力。

這一節要闡述的是，培養一名名將，是否需要花很長的時間進行教育？克勞塞維茨斬釘截鐵地認為——不需要。理由是，一頭栽進戰爭理論，習得許多知識之後走入實際的戰場，會赫然發現實情和理論的差距竟是如此之大。結果就會形成一般人所認定的，作戰的才能是天賦，不是可以靠後天學習的錯誤定論。

因此，只要懂得正確判斷圍繞於自己身邊的政治等等情勢，並知道如何掌握部下的狀況即運用部隊力量，就足夠了。必備的知識雖然單純，要實踐卻是困難重重。因為實踐時，要正確判斷當前的情勢，並採取最適當的處置方法時，應該要結合所具備的知識及自己的個性，使之合而為一。因此，克勞塞維茨認為培養將帥，不能單單靠長時間的理論教育學習知識。

但是各國的軍隊、各軍的士官學校培養幹部及培育精英的陸、海、空軍大學又是如何訓練呢？

❖實力究竟如何？

戰前，日本陸、海兩軍的人員，是由培育高級指揮官及上級幕僚的機構——陸軍大學及海軍大學，這兩所學校從畢業於陸軍士官學校及海軍士官學校的正規軍官中，選出優秀人材，讓他們接受能擔負陸海軍未來的英才教育。對同校畢業生的待遇，海軍方面沒有特別不同，可是陸軍可就有天壤之別了。

畢業於陸軍大學的人，可以「參謀官」的身份，從陸軍大臣轉任參謀總長，比起其他被稱為附屬於某一部隊的將官更具權威。這些接受完整理論教育的人，年紀輕輕就有機會被派遣到各軍、各大部隊的司令部擔任作戰參謀官。有時甚至以戰術能力及參謀本部作為後盾，對軍司令官（中將）、師團長（中將）等做權威指導。

但是他們真正的實力究竟如何？讓我們把時空背景移到讓日本陸軍初嘗慘敗的「瓜達爾卡納爾爭奪戰」。一九四二年八月七日，聯合軍正式展開反擊。第一戰就是由美國第一海軍師團猛攻瓜島，日本統帥部竟然誤認為美軍此一行動為企圖破壞機場

陸軍大學

培育日本陸軍菁英的機構，位於東京都青山。從陸軍士官學校中篩選的少數官拜中尉之上的人，才可進入該校就讀。學員經過三年的英才教育後，可任高級指揮官或是上級幕僚。身為陸軍，只有從該校畢業才可晉升到重要位置。

的威力偵察。因而反覆上演兵家最忌諱的零星戰鬥作戰戲碼。八月十九日，一木分隊受到攻擊，九百人全遭殲滅。接著九月一日，川口分隊的五千士兵再次遭遇相同命運。

知道事情嚴重性的統帥部／陸軍軍部，派遣精銳的仙台第二師團前往瓜島，編入當地的第十七軍團，並擬定以正攻法將美軍一舉擊潰的作戰計劃。他們準備了十五公分的榴彈砲二十四門，彈藥二萬發。率領砲兵團的是號稱陸軍砲術第一人的住吉少將。另外，為了因應美軍，軍部也刻意加強了第十七軍司令部的作戰能力。於是只有三位參謀官的參謀陣容，一下子加入了以日本陸軍兵學權威官崎周一少將為參謀長的十一名參謀官，更派來辻政信中校等三位軍部的大紅人一起參與作戰指導。

此一作戰計劃原定十月二十三日，第十七軍和由第三艦隊司令南雲中將所率領的機動部隊相互呼應，即開始發動。沒想到卻發生了一樁意外。

第二師團及砲兵團的主力部隊，有六艘被稱為「突擊瓜島船團」的高速運輸船在黎明時分一抵達瓜島海面，就受到美國戰機的大轟炸，人員雖然勉強登陸，但是重砲、彈藥及糧食全被迫放棄。

❖未能從失敗中記取教訓的參謀幕僚

被美軍突然一擊，日軍無法按照計劃從正面進行會戰。於是第十七軍司令部即採和前二回一樣，藉偷襲的刺槍突擊戰法。換句話說，他們還是企圖在步槍上裝上刺刀對付以奪得的機場為基地、獲得制空權，並擁有堅固陣地、充足戰車、重砲的二萬名美國海軍部隊。完全沒有從前回的失敗中記取教訓。

更糟的是，以人才濟濟自傲的參謀陣群，對於當時七軍司令部所做的佈局竟然不以為意。此事可從指導此一戰役的百武晴吉中將在發動總攻擊的前一天發給軍部的電文中，完全窺得：「殲滅戰前夕感慨良多。明二十三日攻打瓜島預估可順利完成。預定五天之後，大軍將陸續轉進茲拉奇、倫尼爾、山克利斯特巴俺進行占領……。」該電文中皆信心滿滿，甚至連敵將漢迪克里夫投降的排程都做了指示。

接著，在總攻擊行動近乎全敗的時候，參謀總長衫山元上將還發電文為部隊打氣。電文的內容為「……綜合各情報顯示，瓜島已被孤立包圍，陷於窘境求救無門。這是繼續攻擊、一舉將之擊破的好機會……。」由此可知，日本陸軍根本弄不清真相，應了孫子的名言「不知彼、不知己，每戰必危」，因此才會兵敗如山倒。

但是日軍還是盡一切力量挽回劣勢，他們在把旭川第三十八師團編入第十七軍的同時，還新設第八軍，以名將今村均中將為司令官。但終究因喪失制海權、制空權及補給斷絕、戰力枯竭而放棄奪回瓜島。

當時的十七軍參謀陣營除了本身的參謀幕僚之外，並擁有三名來自軍部、出身陸軍大學的英才，怎麼還會進行如此難看的作戰指導？想到這點，對本章重點提示「成為一名名將，不需多少時間……」有同感的人，應該不只有筆者一人吧。

偏離創造性的觀念教育，其成效有一定的界限，這就是一種弊端。與日本此一史實正好形成強烈對比的例子，有德蘇戰爭中的英雄——蘇聯的朱可夫元帥，打敗日本駐守緬甸大軍，並從日軍手上解放緬甸的英國駐守印度的史利姆元帥等。他們都是從小兵升上來的實戰專家。提供大家作為參考。總之，紙上談兵和沙場實戰，簡言之就是知識和智慧的對比。

今村均

太平洋戰爭中，由日本陸軍所培養的少數名將之一。開戰時，他擔任第十六軍的司令官，率軍占領印尼後廣行善政。後任第八方面軍的司令官，指揮東南戰局，最後將拉巴烏爾困在城中，結束了這場戰役。在他的請求下，和部下戰犯一起服刑。

陸軍大學的功與過

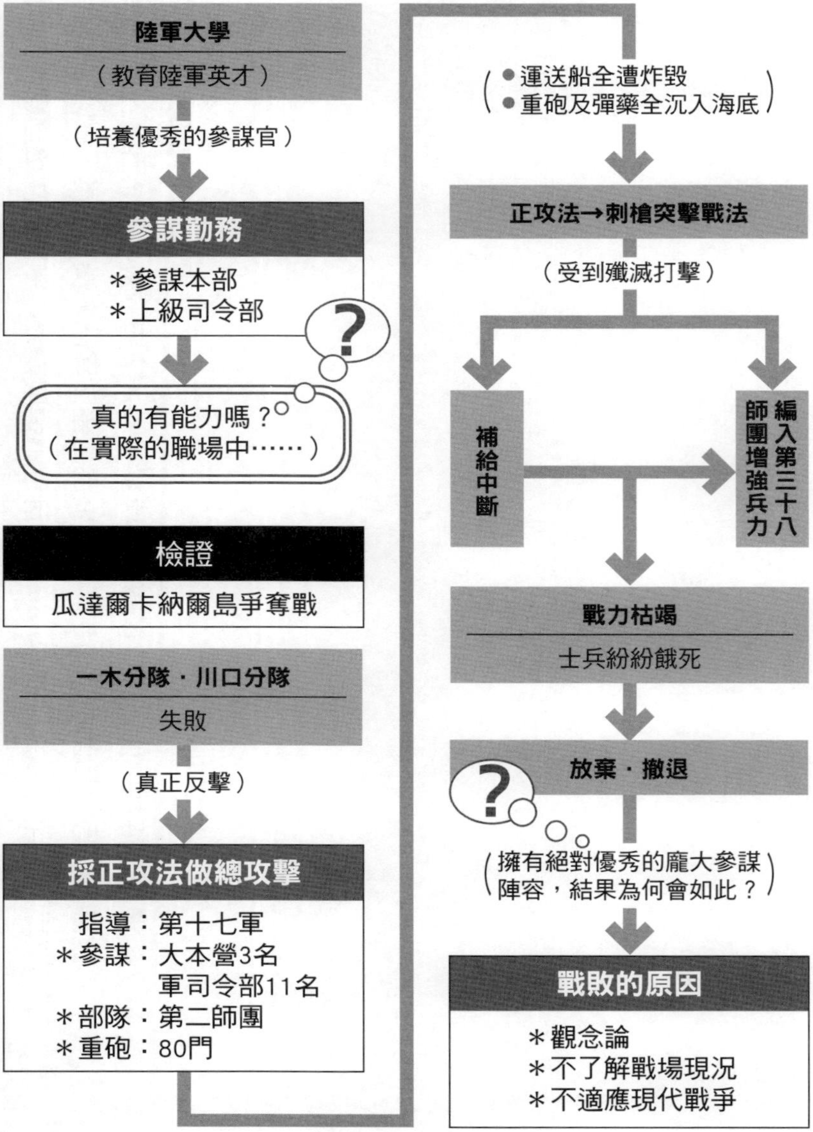

陸軍大學
（教育陸軍英才）
（培養優秀的參謀官）
參謀勤務
＊參謀本部
＊上級司令部
真的有能力嗎？
（在實際的職場中……）
檢證
瓜達爾卡納爾島爭奪戰
一木分隊・川口分隊
失敗
（真正反擊）
採正攻法做總攻擊
指導：第十七軍
＊參謀：大本營3名
軍司令部11名
＊部隊：第二師團
＊重砲：80門
●運送船全遭炸毀
●重砲及彈藥全沉入海底
正攻法→刺槍突擊戰法
（受到殲滅打擊）
補給中斷
編入第三十八師團增強兵力
戰力枯竭
士兵紛紛餓死
放棄・撤退
（擁有絕對優秀的龐大參謀陣容，結果為何會如此？）
戰敗的原因
＊觀念論
＊不了解戰場現況
＊不適應現代戰爭

5 墨守成規導致失敗

- 守法主義，是指以一定的方式，而不以一般的原則或個人細則來規定戰鬥行動。
- 因低層的指揮官激增，為了讓各隊行動一致，而有所規制。
- 適用的範圍雖由工作性質而非由地位層級來定，但是層級越高的人活動對象越廣，賴此方式的程度就越少。
- 守法主義的弊病，會因墨守成規而使精神疲乏。

發生戰爭時，將戰鬥行動全交給部隊或是指揮官，會有動作不一致而導致事態不可收拾之虞。為了防止此現象的發生，制定一定的規則、方式、方法等，藉以規範部隊或指揮官的行動，克勞塞維茨稱這種作法為順法主義。

在此情形下，問題就出在順法主義的適用範圍，也就是層級高下的對應該如何改變。克勞塞維茨認為指揮官的官階很明顯有下降的趨勢，也就是較低層級的將官轉任指揮官的人數激增時，必須要有一套方法規範低層級指揮官的洞察力及判斷力。

不過也因為這些規制是針對低階指揮官而設定，所以層級越高的人越不適用，尤其對最高領導人而言，根本完全不適用。

另外墨守成規也是問題。雖說這是因應實際需要而做的規範，但時間一久，大家就會習以為常，不去觀察周圍的變化，而一味堅持既有的規範，以致無法因應狀況的變化選擇適切的應對方法。克勞塞維茨以史實為例，警告研習兵法的人，墨守成規的順法主義會讓人對於重大決定失去判斷力。

❖失敗滲入了進步的海軍

讓我們來看看順法主義在日本的陸、海軍中所造成的傷害。陸軍順法主義的典型有「作戰要務令」、「步兵操典」，海軍則有「海軍要務令」。

日本陸軍始終擺脫不了明治四十二年（一九〇九年）所制定的步兵操典之束縛。當各國的陸軍都忙著將軍武機械化、重火力化時，日本的陸軍卻背道而馳，怠忽近代化的腳步。在太平洋戰爭時，日本堅持在槍上裝上刺刀，以白刃戰法對抗高度現代化的美軍，只是徒增敗績罷了。

而和陸軍相較，理應進步的海軍又如何呢？海軍同樣也是命運乖舛。讓我們把時空背景移到「菲律賓海戰」和「雷伊泰海戰」（Leyte）吧！栗田艦隊碰到麥克阿瑟大軍，神祕地掉頭就走，註定了這場戰爭的成敗，其中最大的原因是通信混亂所

步兵操典

明治四十二年制定。日本陸軍執行戰鬥時的最高規範，是一種以步兵為主力而進行的刺槍突擊白刃主義。這種戰術完全跟不上世界情勢腳步的轉變。太平洋戰爭中，日本陸軍因為死守此法，面對現代化裝備的美軍時，慘敗連連。

造成的。造成通信混亂的就是海軍的順法主義。

因為沒有有效的無線電話設備，日本海軍做遠距離通訊、甚至是在部隊內做作戰通訊時，都得使用摩斯密碼。即一封電文編上暗碼後發送，收的一方再將電碼翻譯後回覆，不論速度有多快，都得花上一、兩個鐘頭。而美國海軍則是利用短波、超短波（ＶＨＦ）、極超短波（ＵＨＦ）之有效無線電話設備，隨時都可做即時通訊，必要時指揮官還可拿起話筒即時指揮作戰。這就是兩軍最大的不同點。

一般來說，艦隊的通訊系統等設備，應視交換訊息的對象、使用的目的等等，做多元而實用的建構。

栗田中將所率領的第二艦隊，每天都必須進行大量的通訊作業，照理說應該部署精熟通訓作業的通訊官兵及配置完整的通訊設備。基於這個認知，栗田中將即向聯合艦隊司令官請求，將自己的座艦由重巡洋艦愛宕號改為通訊設備完善的超戰艦大和號。栗田中將當時除了擔任第二艦隊司令之外，還以第四戰隊司令官的身份，直接統帥愛宕號、摩耶號及高雄號等四艘重巡洋艦。

但是栗田中將的心願，卻遭到駁回。理由是日本海軍具有優良傳統的艦隊戰術，是以輕快的重巡部隊為主力，進行夜間突襲。因此以第四戰隊司令身份，統帥重巡部隊的第二艦隊司令，理應坐鎮愛宕號旗艦上打頭陣。這根本就是愚不可及、強辭奪理的形式論。

❖官僚所引發的弊害

多支部隊心手相連並肩作戰，成敗的最大關鍵就在於通訊機能。但是栗田的心願，硬生生地被打了回票。海軍官僚作風的弊病，一覽無遺。

日本的海軍完全不了解現代化戰爭的全貌。反觀美國海軍，他們的艦隊司令官（C in C Fleet）、任務部隊指揮官（CTF）、任務群指揮官（CTG）都不拘泥於固有的編隊，會視當時實際的戰況變更旗艦，順利指揮作戰。因此栗田中將雖然率領了四艘巡洋艦，卻無法指揮這支龐大的艦隊。

一九四四年十月二十二日夜晚，日軍艦隊出擊汶萊（Brunei），在巴拉望（Palawan）水道航行時，守株待兔的兩艘美國潛艇發動攻擊。愛宕號首先沉入海底，接著高雄號被擊破，接著摩耶號也被轟沉。

栗田中將及其司令部被驅逐艦岸波號救上之後，移到大和號再昇起將旗。栗田一心渴望登上大和號指揮作戰的心願，竟因為敵人的攻擊實現了。這真是莫大的諷刺。但是問題來了。

第二艦隊司令部的通信班，雖然在愛宕號沉入海中之前被岸波號所救，但是大部份的通訊士兵都奉命搭著岸波號護衛殘破不堪的高雄號航向新加坡。這麼一來，大和號所隸屬的第一艦隊司令部及大和號的通信班，就必須處理第二艦隊所有的通訊作業。不論是實際情形或是通訊班的能力，這根本是不可能辦到的。所以先前變更旗艦被拒的新仇舊恨，瞬間全都湧上了栗田的心頭。

日本海軍順法主義的爛帳

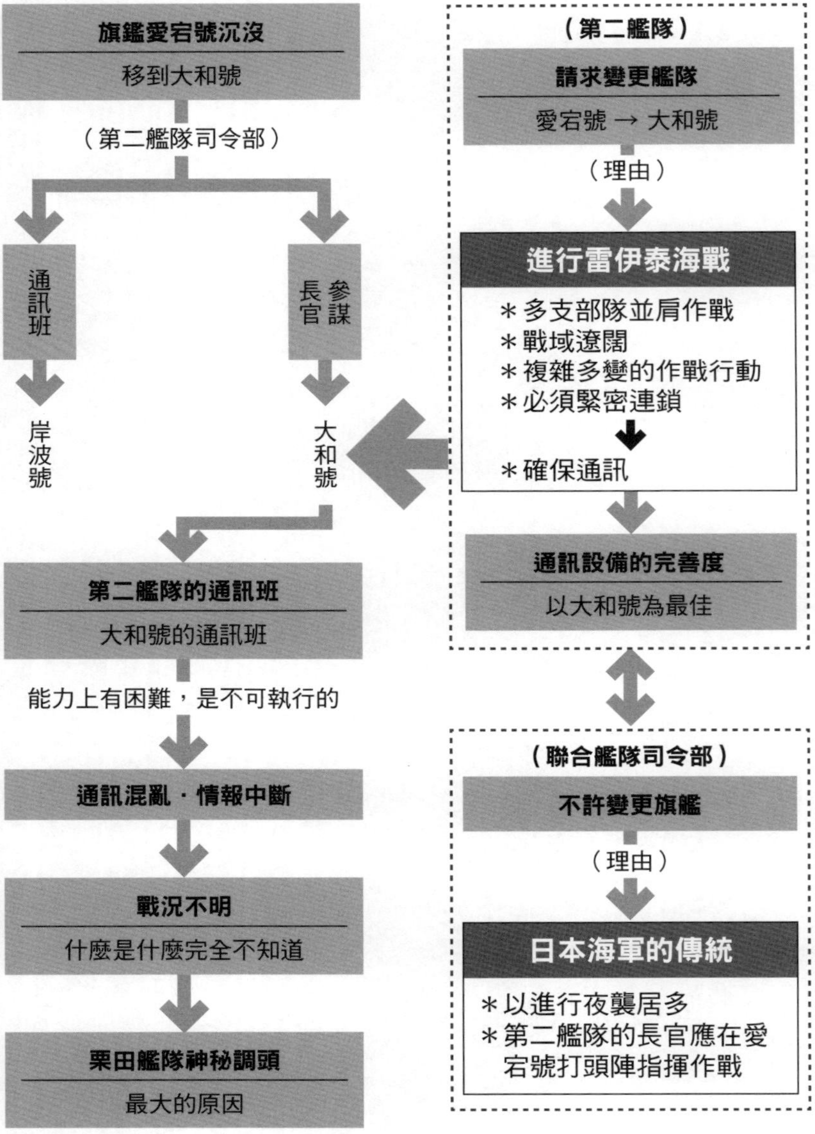
旗艦愛宕號沉沒
移到大和號
（第二艦隊司令部）
通訊班
參謀長官
岸波號
大和號
第二艦隊的通訊班
大和號的通訊班
能力上有困難，是不可執行的
通訊混亂・情報中斷
戰況不明
什麼是什麼完全不知道
栗田艦隊神秘調頭
最大的原因
（第二艦隊）
請求變更艦隊
愛宕號 → 大和號
（理由）
進行雷伊泰海戰
＊多支部隊並肩作戰
＊戰域遼闊
＊複雜多變的作戰行動
＊必須緊密連鎖
＊確保通訊
通訊設備的完善度
以大和號為最佳
（聯合艦隊司令部）
不許變更旗艦
（理由）
日本海軍的傳統
＊以進行夜襲居多
＊第二艦隊的長官應在愛宕號打頭陣指揮作戰

第 3 章

何謂「戰略」？

1 不做遠離目的的無謂努力

- 讓戰爭的目的和手段搭配得宜，使達成行動付出恰好的努力的君王或將帥，藉此證明自己是天才。
- 這類天才的行動模式，並不標新立異，而是穩紮穩打，將每步棋都導入戰爭的成功之道。
- 也就是說，戰爭的發展是循著他們原本在內心所建構的計劃，完整、穩定、謹慎地進行著，而且實際的戰況更可藉著整體戰爭的成果更趨明朗化。

克勞塞維茨在戰略篇一開頭就說，進行戰略時，基本宗旨、理念等之精神上的重責大任，追根究柢都落在將帥的雙肩上。其中，「不多不少的努力」這句話就說得很妙。意思是說，鎖定戰爭的目的後，循此目的盡最大的努力，卻不做遠離既定目的的無謂努力。

日俄戰爭爆發前，伊藤博文首相（1841～1909）就擬好了從開戰到結束戰爭的種種對策，還特別派了和美國羅斯福總統（Theodore Roosevelt，1858～1919，美國第二十六任總統）極有交情的金子堅太郎子爵到美國，先託羅斯福總統充任講和的斡旋者。這就是非常好的一個例子。但是，日本也有反其道而行、導致國破家亡的例子。那就是日本海軍。

割捨不掉的「短期決戰」

許多撰寫戰記文學的人，都會一面倒地美言禮讚日本海軍。但是真相到底如何呢？以太平洋戰爭為例，日本海軍的作戰計劃不但愚蠢，而且沒有戰爭目的。面對美國，日本海軍根本毫無勝算。不但如此，連海軍的兩大首腦單位軍令部及海軍省所提出的應對策略也南轅北轍。軍令部總長永野修身上將，面對昭和天皇的詢問時回答：「戰也是輸，不戰也是輸，孤注一擲賭賭運氣，或許還可找到什麼好法子……。」頓時讓天皇非常驚訝。海軍大臣及川古志郎上將在確認日美開戰的最後一次討論會上則說：「海軍並不想打這場仗。只因為在先前的會議中已經做了決定，所以現在不能說不了。」還說：「這一切都全權由近衛首相（近衛文，1891～1945）負責，如果連海軍都反對的話……。」一席話完全背叛了近衛首相等人的殷切期望。

開戰之後，海軍的戰況果真是每況愈下。如前所述，日本海軍的兵法思想是短期決戰，所以他們當時的目標是鎖定在馬里亞那海域，迎擊太平洋中部的美國太平洋艦隊，期望雙方來個速戰速決的艦隊大對決。從偷襲珍珠港成功，接著在南方的戰役勢如破竹地贏得勝利後，日軍簡直被勝利沖昏頭，擬出一連串自不量力的作戰計劃。

其一是「MO作戰計劃」。海軍為了鎮壓已經占領的南方地區，開始考慮進攻澳大利亞的北部。後因陸軍的兵力無法繞到該處，受到反對而作罷。取而代之的是，攻打面向澳大利亞北部的新幾內亞島（New Guinea）南岸的重要港口摩勒斯比港（Port Moresby）。

其二是「FS作戰計劃」。從軍事上的合理角度來判斷，以美軍為主體的聯合軍如要採取反擊行動，一定會從澳大利亞開始。在這種情形下，美國首先必須將軍隊、戰機等戰略資材運到澳大利亞。為了截斷美國和澳大利亞之間的交通路線，日本海軍於是擬定了攻打位於澳大利亞東方的斐濟、薩摩亞諸島及新喀里多尼亞島（New Caledonia）的作戰計劃。

其三就是「攻打夏威夷計劃」。南方戰局雖然以勝利收場，但是如果空下美國海軍攻打日本必經的太平洋中部的話，無疑等於在日本的勢力範圍之內橫插了一把匕首。於是日本海軍擬定了這個計劃，企圖占領美國太平洋艦隊的根據地夏威夷。獲悉這個荒謬計劃後的陸軍甚為驚訝，並堅決反對。最後這個計劃就在陸軍的堅決反對下，未被採用。

MO作戰計劃

為了壓制聯軍反攻基地——澳大利亞北部，日本海軍企圖攻打位於新幾內亞南岸的摩勒斯比港的作戰計劃。後因一九四二年五月珊瑚海戰失敗而作罷。

日本海軍無戰爭目的

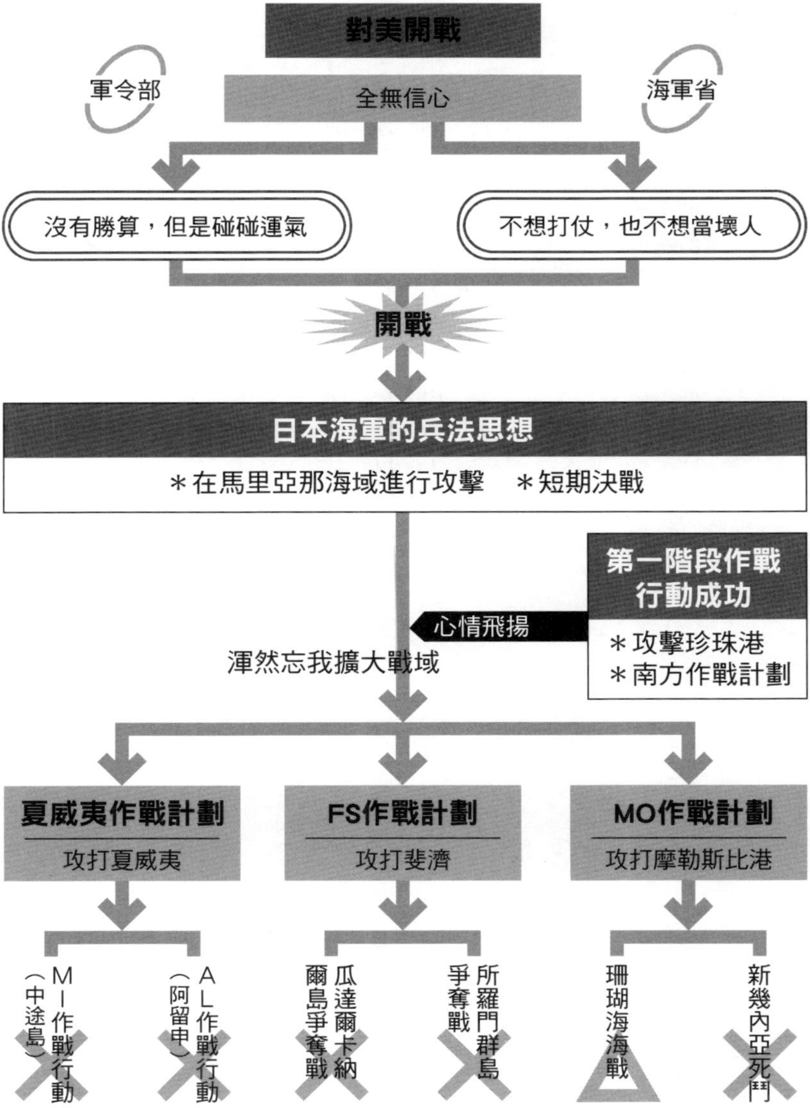
對美開戰
軍令部
全無信心
海軍省
沒有勝算，但是碰碰運氣
不想打仗，也不想當壞人
開戰
日本海軍的兵法思想
＊在馬里亞那海域進行攻擊　＊短期決戰
第一階段作戰行動成功
＊攻擊珍珠港
＊南方作戰計劃
心情飛揚
渾然忘我擴大戰域
夏威夷作戰計劃
攻打夏威夷
FS作戰計劃
攻打斐濟
MO作戰計劃
攻打摩勒斯比港
MI作戰行動（中途島）
AL作戰行動（阿留申）
瓜達爾卡納爾島爭奪戰
所羅門群島爭奪戰
珊瑚海海戰
新幾內亞死鬥

❖缺乏決定性的戰略、戰術及後勤補給

日本海軍本來就是一支以艦隊決戰為主，任何戰役都力求速戰速決的軍隊，所以他們不具有應對大型戰局的戰略、戰術、兵力及後勤補給能力。而陸軍雖然不贊成海軍夢幻般的作戰構想，卻往往被強迫拖下水，於是一發不可收拾的戰場越拉越大。不久之後，陸海兩軍都陷入了地獄戰線。

在太平洋戰爭中，日本之所以大敗的主要原因，就是因為對美之戰的日本海軍從一開戰就沒有構想戰略，缺乏作戰目的，毫無主見任由戰局擺佈，才會徒然讓戰場越擴越大。換句話說，日本的海軍完全沒有克勞塞維茨所說的兩種觀念，一是「讓戰爭的目的和手段搭配合宜」，二是「只做不多不少恰如其分的努力」。

2 全神貫注是戰略中最重要的元素

- 執行戰略時，集中精力會影響一切的軍事行動。
- 要對集中力進行考察極為困難，因此須有實證。
- 兵法理論不能只依賴物質而無視精神上的要素。
- 物質的要素如木製的槍柄，精神的要素如鋼鐵精煉的槍鋒。
- 能證明精神要素價值的是戰史，戰史更是將帥學習的寶貴食糧。

克勞塞維茨的《戰爭論》和以往的兵學書籍最大之不同點，就是談到了「物質以精神為原動力」的觀念，尤其認為「精神力的發揮關鍵，在於將帥」。他還將戰略的思考要素分為五大類，分別是「精神的要素」（軍隊士氣、將帥意圖、政府意志、戰地人心及勝敗心理反應）、「物質的要素」（兵力種類、數量及火力）、「數學的要素」（內外線作戰與向心或離心動機）、「地理的要素」（天候地理環境，如山岳、河流、森林與道路）及「統計的要素」（後勤補給與醫療）。其中以「精神的要素」為最重要。接著他又把軍隊中的重要精神力分為如下三種：將帥才能、軍隊武力及軍隊中的國民精神。

所謂「軍隊武德」是指，在優良傳統下接受完整訓練的軍隊，由有才能的指揮官率領，充滿驕傲、自信與幹勁的精神狀態。而「軍隊中的國民精神」乃是指軍隊中的所有成員，對國家及軍隊都有強烈的愛國心及歸屬感，並具有一顆忠誠之心及完成一己任務的使命感。

本章中，就有一個因精神力大破敵軍挽救國家的例子，就是由名將納爾遜（Horatio Nelson，1758～1805。英國海軍提督）提督所發動的「特拉法加海戰」（Trafalgar）。

❖上下同心的英國海軍

不可一世的拿破崙即位為法皇後，即專心整頓國內政經，除制定拿破崙法典外，還開設了法國銀行等等。一八〇五年，英國突然毀約不遵守英法所簽的〈亞眠和平條約〉[1]，並和奧地利、俄羅斯、普魯士、瑞典等國締結第三次反法同盟，公然向拿破崙挑戰。

為了降服在幕後策動此事的英國，拿破崙調動十五萬陸軍及舟艇三千艘到對岸的普洛紐，組成聲討英國的大軍。可悲的是，多佛海峽的制海權掌握在英國海軍的

拿破崙法典

由法國皇帝拿破崙一世所公布的法典，以法國革命的「自由」、「平等」、「博愛」為基石所制定，因而成為西歐民主化、中南美洲諸國獨立的理念及指針。包括日本憲法在內的各國法典，多少都受到這部法典的影響。

手中。因此拿破崙下達嚴命要艦隊司令維爾諾夫[2]「在二十四小時內一定要拿下多佛海峽的制海權」。

為了讓法國的拿破崙放棄進攻英國的計劃，名將納爾遜於是發動了挽救英國的「特拉法加海戰」。同年十月二十一日，維爾諾夫率領由法國、西班牙三十三艘船所組成的聯合艦隊，攻擊位於西班牙南部的卡迪斯，並和納爾遜所率領、由二十七艘船所組成的英國艦隊，在直布羅陀海峽和特拉法加海角交會的海面進行決戰。

一開始，納爾遜即在旗艦維多利亞號（Victory）的主桅桿上升起信號旗，旗上寫著「英國期待大家堅守崗位盡一己之義務」（ENGLAND EXPECTS THAT EVERYMAN WILL DO HIS DUTY）以激勵全軍士氣。位在上風處的納爾遜，將二十七艘艦分成兩隊，帶著其中一隊直接衝入敵方艦隊的中央。這種前所未有的戰法，立即讓敵方艦隊支離破碎。緊接著，納爾遜再以肉搏戰進行密集掃射，共擊沉了敵人二十三艘艦艇，並活逮維爾諾夫，贏得漂亮的勝仗。

我們來看看英國海軍戰勝的幾個原因。一、英國海軍從主帥納爾遜到每一個水兵，都是經過完整訓練及實戰經驗豐富的勇敢戰士。另外，納爾遜卓越的戰法、指揮能力及見敵必殺的果敢精神，也是致勝的原因之一。

事實上，納爾遜在攻擊之前，曾對戰隊司令及各艦長下達指示：「如果看不到信號旗的戰鬥命令，即停泊在敵艦旁，艦長之下所有的人均殺上敵艦進行肉搏戰。」反觀法國的海軍，指揮官是非常懂鑽營的法國革命倖存者，士兵則是拼湊而成的組

維多利亞號

特拉法加海戰中，由納爾遜提督所指揮的旗艦。納爾遜就在這艘艦上指揮作戰，並戰死在艦上。英國海軍為了讓他的功爵傳留到後世，一直未將這艘艦艇除籍，至今仍停泊在樸茨茅斯軍港（Portsmouth）。

合。難怪英國的海軍會輕視他們為「井底之蛙」。

而西班牙的海軍，其上級指揮官是無能的貴族名譽職。因此艦艇的實際運作及指揮戰鬥都由平民出身的下級指揮官擔任。如此烏合之眾，怎麼可能打贏愛國心高漲、上下齊心、果斷勇敢、戰志高昂的英國海軍。

令人惋惜的是，英國海軍獲得輝煌戰果之時，納爾遜竟遭狙擊兵槍擊身受重傷。他委託告知勝利的旗艦艦長哈迪上校將自己畸戀情人漢米爾頓夫人（Lady〔Emma〕Hamilton，1761～1815，納爾遜提督的情婦）的下落告知國王之後說：「感謝神，我已經盡到自己的義務了！」（I HAVE DONE MY DUTY），闔上雙眼結束短暫的四十七載生涯。

1 一八〇三年英法兩國所簽定的和平條約。規定將所占的土地歸還舊主，藉此讓第二回的反法同盟解體。

2 維爾諾夫。Piere-Charles-Jean-Baptiste-Silvestre de Villeneuve，1763～1806。在特拉法加海戰中被納爾遜擊敗而自殺。

納爾遜／英國海軍勇敢奮戰的精神

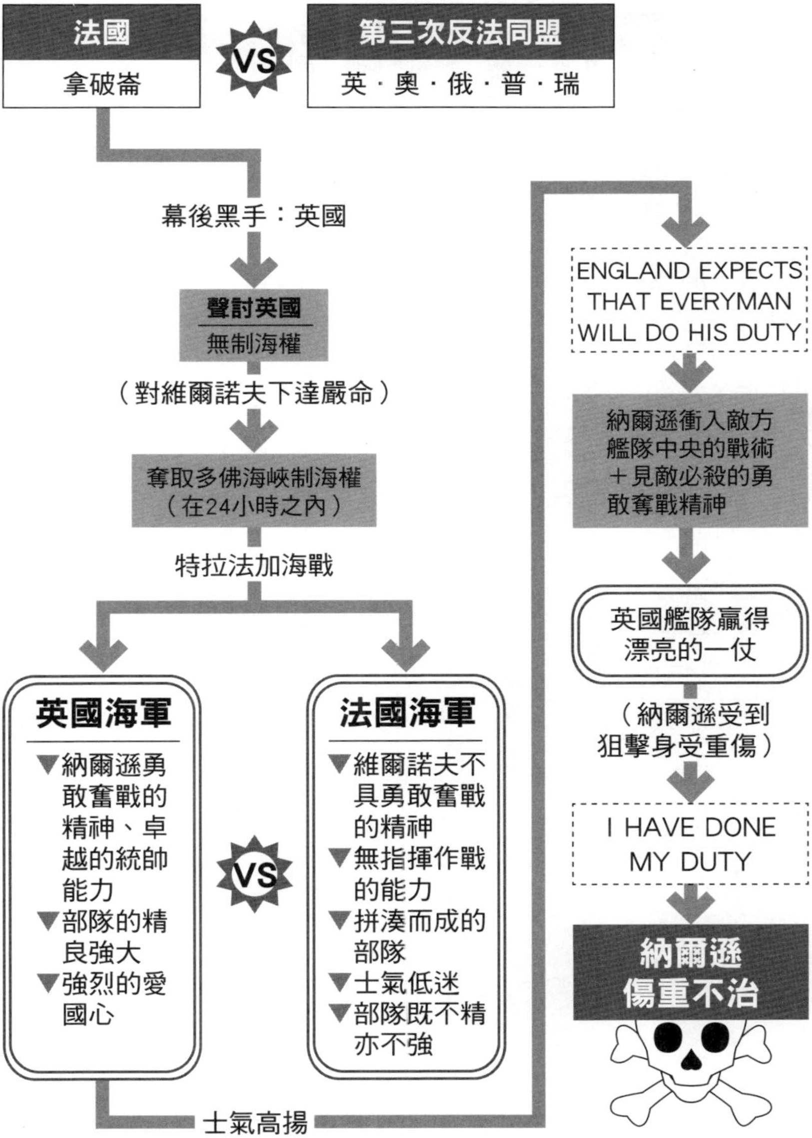
法國
拿破崙
VS
第三次反法同盟
英・奧・俄・普・瑞
幕後黑手：英國
聲討英國
無制海權
（對維爾諾夫下達嚴命）
奪取多佛海峽制海權
（在24小時之內）
特拉法加海戰
英國海軍
▼納爾遜勇敢奮戰的精神、卓越的統帥能力
▼部隊的精良強大
▼強烈的愛國心
VS
法國海軍
▼維爾諾夫不具勇敢奮戰的精神
▼無指揮作戰的能力
▼拼湊而成的部隊
▼士氣低迷
▼部隊既不精亦不強
士氣高揚
ENGLAND EXPECTS THAT EVERYMAN WILL DO HIS DUTY
納爾遜衝入敵方艦隊中央的戰術＋見敵必殺的勇敢奪戰精神
英國艦隊贏得漂亮的一仗
（納爾遜受到狙擊身受重傷）
I HAVE DONE MY DUTY
納爾遜
傷重不治

3 兵力的優勢是決定性的要因

●兵力的優勢是戰略、戰術上獲得勝利的最簡通則。
●單純就觀念思考戰鬥，決定勝敗的關鍵在兵力的多寡。
●但在現實中，因另有許多其他的因素參與，所以兵力的優勢只不過是創造勝利諸多要因中的一個。
●不過，隨著兵力優勢逐漸增強，最後蓋過了其他要因，而成為決定性的要因。
●最後的結論是，兵力的優勢是影響戰鬥結果最重要的因素。

決定戰鬥成與敗的原因有許多，本節所談的「兵力的優勢」只不過是其中之一。但卻是絕對不可缺少的決定性因素。

現在各國的軍隊，不論是其武裝、編制，甚至連操練程度都大同小異，所以不論統帥的能力多麼地出類拔萃，想戰勝兵力比自己多出兩倍的敵人是相當困難的。因此，兵力的優勢成了戰勝不可缺少的重要條件。

但事實上，將帥可用的兵力卻是有限的。那麼，如何以有限的兵力對抗敵人取得優勢？答案是，不論總體兵力的多寡，將「兵力集中於特定的時間或場所」，就可以取得兵力上的優勢。這種例子歷史上處處可見，其中最有名的就是底比斯（Thebes）名將埃帕米農達（Epaminondas，B.C.410～B.C.362，古希臘城邦底比斯的統帥、政治家），帶領著五千士兵用斜線陣戰術，打敗了斯巴達（Sparta）一萬大軍的「留克特拉戰役」（Battle of Leuctra）。

還有，迦太基名將漢尼拔以少數人馬，用最擅長的兩翼包圍戰術大敗羅馬九萬大軍的「坎尼會戰」也是很好的例子。

在這一節中，我們就來看看以寡敵眾，在戰略上採集中兵力而一舉取得戰鬥勝利、馳名世界的夢幻「施利芬計劃」（Schlieffen Plan，1905）。

❖夢幻計劃「施利芬計劃」

一八九一年，德帝國陸軍參謀總長亞爾夫雷特．施利芬元帥（Alfred Schlieffen，1833～1913）碰到了難題——如何和兵力遠勝德國的法國及俄羅斯作戰，並且取得最後勝利？施利芬深知對手的缺點只有一個，那就是俄帝國動員的速度非常的緩慢。這一點施利芬看在眼裡，於是施利芬精心擬定了各個擊破的作戰計劃，先傾全力擊敗法國的主力軍，再將砲口轉向東線對準俄羅斯。

施利芬元帥

德國陸軍參謀總長（1891～1906），視解決法俄雙線作戰問題為終生課業。從日俄戰爭中，他領悟「正面攻擊吃力不討好且事倍功半」的道理，於是制定了以片翼包圍的名作戰計劃「施利芬計劃」。

❖具「兵力優勢」的作戰計劃

此一計劃，將全德八國軍中的七個軍四十個軍團的兵力全投入西部戰線，而且大部分都集中在比利時境內。一開戰，即以亞爾薩斯－洛林（Alsace-Lorraine）地方為主軸，北方的主力軍通過中立國比利時後向左迴轉，從後方包圍巴黎，將法軍一口氣逼向瑞士國境予以殲滅，然後再將砲口轉向東部戰線對準俄羅斯。

從日俄戰爭中得到的教訓，施利芬知道從正面攻擊，吃力不討好且事倍功半，所以特別以迪拜名將埃帕米農達的斜線陣戰術，以及迦太基名將漢尼拔所用的兩翼包圍戰術為範本，擷取其優點而擬定這個以戰略見長的單翼包圍作戰計劃。認為此一作戰計劃是德國致勝關鍵的施利芬，無時無刻不在加強這個計劃，處心積慮設法強化右翼。甚至一九一三年臨終之前，還不斷叮囑弟子、也就是當時的參謀軍官們：「要更強化右翼！」

但一次大戰時，承其大業的參謀總長毛奇在實際進行此計劃時，卻大幅變更既有的計劃，對法俄採兩線攻擊，並愚不可及地在西部戰線和法國大軍正面衝突，企圖攻下亞爾薩斯－洛林地方。因此一九一四年八月，德軍雖然在東部戰線以「坦尼堡殲滅戰」取得優勢，但同年九月卻在最重要的西部戰線「馬恩河會戰」（Marne）大敗，讓戰局陷入膠著，最後敗戰收場。

另在二次世界大戰中，率領德國國防軍和法國對戰，進行「西方作戰計劃」的名將曼斯坦中將（Erich von Manstein，1887～1973）和希特勒，都採取和施利芬同樣的作戰行動，才能夠擊破法國陸軍主力及英國的大陸派遣軍，並在短短的十五日間攻陷法國。

西方作戰計劃

此計劃讓德國國防軍一口氣擊潰了法國陸軍及英國的大陸派遣軍，迫使法國投降，並以隸屬於德國中央A軍集團的機甲部隊（七個師團）突破比利時南部亞爾丹那森林，將聯軍逼敦克爾克（Dunkerque）。

名夢幻作戰計劃
（施利芬計劃）

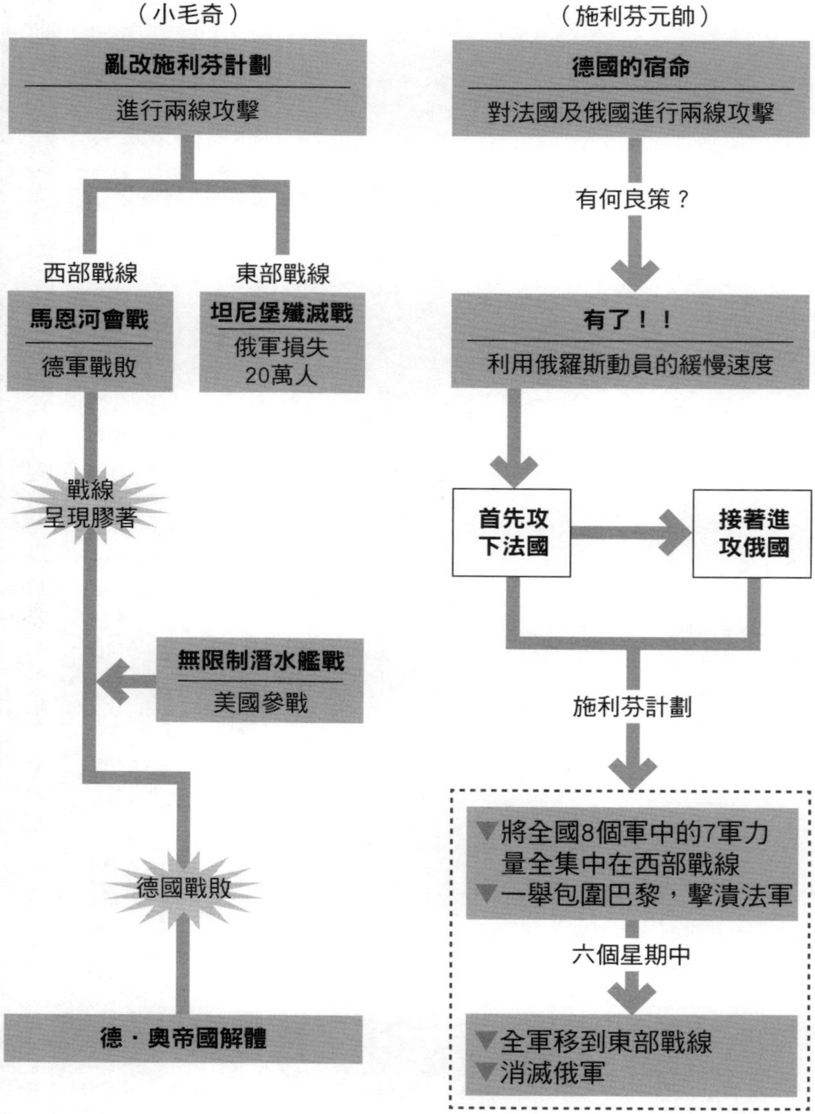

（小毛奇）
亂改施利芬計劃
進行兩線攻擊
西部戰線
東部戰線
馬恩河會戰
德軍戰敗
坦尼堡殲滅戰
俄軍損失
20萬人
戰線
呈現膠著
無限制潛水艦戰
美國參戰
德國戰敗
德・奧帝國解體
（施利芬元帥）
德國的宿命
對法國及俄國進行兩線攻擊
有何良策？
有了！！
利用俄羅斯動員的緩慢速度
首先攻
下法國
接著進
攻俄國
施利芬計劃
▼將全國8個軍中的7軍力
量全集中在西部戰線
▼一舉包圍巴黎，擊潰法軍
六個星期中
▼全軍移到東部戰線
▼消滅俄軍

名夢幻作戰計劃

（第 1 次世界大戰）

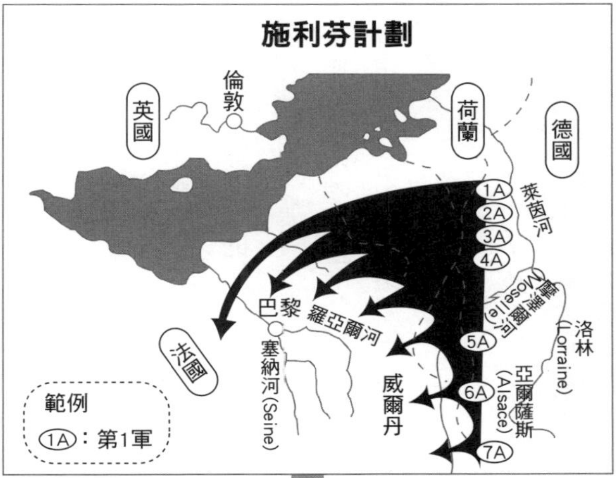

包圍敦克爾克

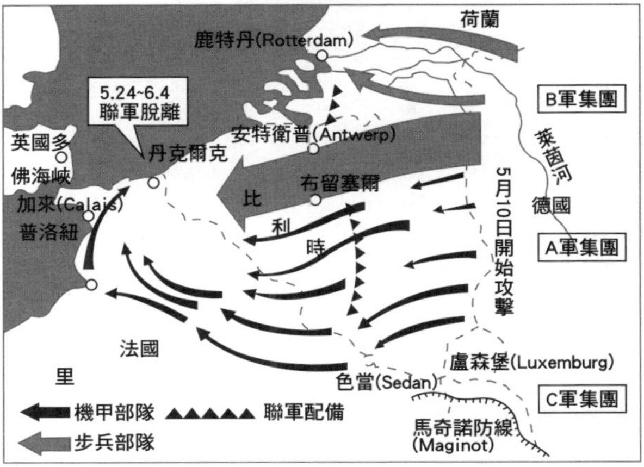

4 以戰術而言，偷襲有效；但以戰略而言，效果極微

- 獲得優勢的奇策包括偷襲及偽裝。
- 偷襲是種極微有效的手段，但伴隨極大風險。
- 奇襲以戰術而言甚為有效，但就戰略而言效果並不大。
- 進行偷襲，必須要有周詳的準備和計劃，而且行動要隱密。
- 進行偷襲，必須要有果斷的指揮官及具有頑強意志力，並恪遵嚴格軍紀的軍隊。

偷襲是指處於劣勢的一方，趁著對手不備，突然發動奇襲行動，然後再逃之夭夭。這種情形下，周詳的準備及祕密行動就成了必備的重要條件。因此，自古以來要偷襲，都是以機動力見長的小型部隊進行迅雷不及掩耳的行動，達成作戰目的／目標後即立即閃人撤退。

克勞塞維茨認為要動員大型的部隊進行偷襲，因要長時期做各種複雜的準備等

等，所以當作戰的戰略部署越強，偷襲成功的可能性就越低。不過在戰史上，以大型部隊為戰略單位進行偷襲，也有非常成功的例子。

一九四一年十二月八日，為太平洋戰爭揭開序幕的「偷襲珍珠港」就是其中之一。在前一章，我說過偷襲珍珠港的行動，以戰術而言非常成功，但是卻直接刺激美國，讓美國人民同仇敵愾，促使美國參與第二次世界大戰，就戰略而言，非常失敗。

但是，偷襲珍珠港的的確確是奇襲攻擊傑作中的傑作。

❖空襲珍珠港成功落幕

一八九三年，美國扳倒了統治夏威夷諸島的卡米哈米哈（Kamehameha）王末代女王莉莉烏歐卡拉妮，並在一九八九年將夏威夷納入美國的版圖。美國將夏威夷納入版圖後，即在歐胡島的內灣及珍珠灣建設強大的基地，作為對抗日本的前進基地。

美日兩國緊張情勢高漲的一九四〇年，小羅斯福總統為牽制日本，下令原本以西岸聖地牙哥為根據地的太平洋艦隊主力軍移到珍珠港常駐。認為美國進出夏威夷反而會刺激日本，而大肆反對的原太平洋艦隊司令理查森上將，因此而被降為少將。之後再次遭貶為舊金山第十三區海軍司令。

太平洋戰爭開戰時，聯合艦隊的司令官山本五十六上將非常堅持自己的對美戰略，認為：「開戰一開頭，猛擊敵方主力艦隊，必重挫美國海軍及美國人民士氣，使其回天乏術。」因此不顧眾人的反對，決定偷襲珍珠港。

❖偷襲珍珠港成功的理由

一九四一年十一月二十六日，集結於千列島、擇捉島、單冠灣的日本海戰機動部隊，開始航行夏威夷準備攻擊。這支機動部隊的編組包括了「赤城」等六艘航空母艦、二艘高速戰艦、四艘重巡洋艦、一艘輕巡洋艦及九艘驅逐艦、七艘補給油船，指揮官是第一航空艦隊司令官南雲忠一中將。

當時美日的談判還在進行中，因此事實上還有講和的可能。也就是說，如果美日談判能談出結果，機動部隊會立即掉頭返回日本。

在長達三千五百海里（約六千五百公里）的隱密行動中，機動部隊不但沒有在途中碰到一艘原先擔憂不已的路過船隻，天候亦非常穩定，連補給作業也相當順利，所以在十二月八日午夜一點三十分（當地時間為七日早上六點三十分）到達了夏威夷歐胡島北邊二百三十海里的地方。在當時時間六點十五分，南雲中將派出一百八十三架戰機進行第一波的攻擊，一個小時後又派出一百六十七架戰機執行第二波的行動。空襲珍珠港的經過、成果及各個問題點，第二章已經說明過了，所以在此省略不談。

首先，我們來看看相當於遠程作戰的偷襲珍珠港成功的幾個要因。第一，日本

第一航空艦隊

世上第一支正規的航空母艦機動部隊。之前都是將分屬於各艦隊的三支航空艦隊（擁有兩艘航空母艦）集合組成一支獨立艦隊。第一航空艦隊共有六艘航空母艦，分別是第一航空戰隊的赤城號、加賀號及第二航空戰隊的飛龍號、蒼龍號，還有第五航空戰隊的翔鶴號、瑞鶴號。

詳細蒐集珍珠灣地形、太平洋艦隊停泊狀況等資料，並針對各個問題一一解決。首先我們看攻擊法。日軍正確地掌握了三面環山、一面是海灣的珍珠灣特殊地形，並選擇和此地形極為相似的鹿兒島錦江灣、出水灣、佐伯灣等八處進行和實戰無差別的訓練。由於珍珠灣的水很淺，以魚雷進行攻擊會直接刺入海底，所以日軍以特殊的固定器（stabilizer）解決了這個問題。

再來，就是戰艦都是每兩艘並列栓住。如此一來，靠近內側的戰艦就無法進行魚雷攻擊。因此日軍改採水平爆擊的方法進行攻擊，並將戰艦上口徑為四十公分的主砲穿甲彈改為穿甲炸彈等等。

其次是隱密行動。這次作戰計劃的保密功夫，日軍真的做到了滴水不漏。如機動部隊中，艦長之下的官兵只知道十一月二十六日從單冠灣出擊。另外，機動部隊離開日本本土後，還不斷發電報和各母港連繫，宛如他們一直在母港附近的海域行動，更派遣各艦組員帶著水兵帽（例如水兵帽上別著大日本帝國「赤城號」的帽徽）到銀座等熱鬧地方，吸引全國人民目光的注意。這一切的努力都是為了掩人耳目。

聯合艦隊最擔心的就是，出擊的機動部隊在前進途中，遇到第三國的船隻。因為這些船隻極有可能將此事通報美國。為此，他們刻意選擇了冬季中四分之三的時間天候惡劣，在海上難於進行補給（尤其是補給油料），沿著阿留申列島而行的北方航路。可是沒想到一陸航向夏威夷，天氣出奇穩定，補給也非常順利，甚至連一艘外國船隻都沒遇見。若大的部隊平安抵達攻擊地點之後，寫下（在戰術上）成功

穿甲彈

可貫穿敵艦的強力裝甲板砲彈。這類砲彈從大口徑的大砲射出，貫穿敵艦的裝甲板後爆炸。因為它的彈頭處裝有很硬的彈芯，彈芯中都裝上了引燃較慢的引信管。最大的一枚穿甲彈是由大和號——口徑四十六公分的主砲射出，重達一點八噸。

的一役。

從這個稀有例子中，我們清楚地看到克勞塞維茨認為戰略上的奇襲所應涵蓋的幾個重點。例如，果斷的指揮官（在這個例子中，指的是山本上將）、具有頑強意志及嚴正恪守軍紀實力強大的軍隊、詳盡的準備、隱密的行動及美國的粗心大意等等。

奇襲珍珠港

（是戰略上極為罕見的成功奇襲例子）

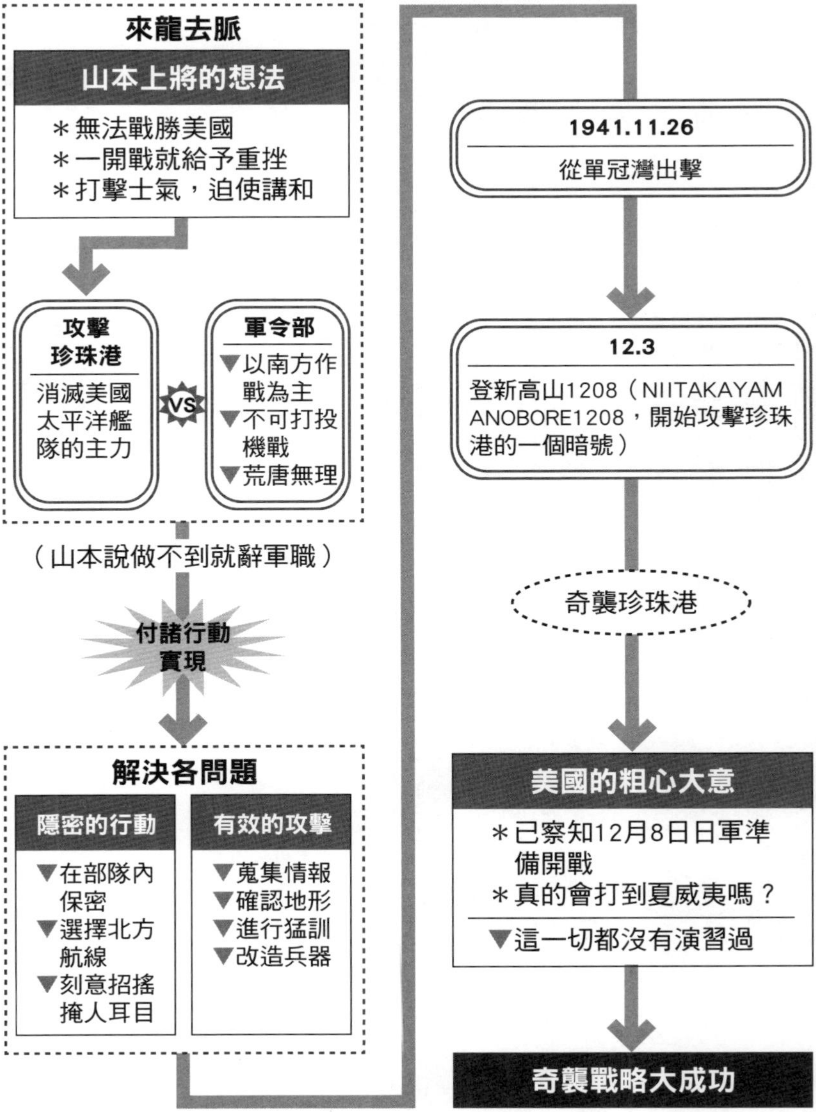
來龍去脈
山本上將的想法
＊無法戰勝美國
＊一開戰就給予重挫
＊打擊士氣，迫使講和
攻擊珍珠港
消滅美國太平洋艦隊的主力
VS
軍令部
▼以南方作戰為主
▼不可打投機戰
▼荒唐無理
（山本說做不到就辭軍職）
付諸行動實現
解決各問題
隱密的行動
▼在部隊內保密
▼選擇北方航線
▼刻意招搖掩人耳目
有效的攻擊
▼蒐集情報
▼確認地形
▼進行猛訓
▼改造兵器
1941.11.26
從單冠灣出擊
12.3
登新高山1208（NIITAKAYAMANOBORE1208，開始攻擊珍珠港的一個暗號）
奇襲珍珠港
美國的粗心大意
＊已察知12月8日日軍準備開戰
＊真的會打到夏威夷嗎？
▼這一切都沒有演習過
奇襲戰略大成功

5 戰略面不需要的預備隊，對戰術面而言卻是必要的

預備隊的任務如下：

- 替換或增援戰鬥中軍隊：戰術預備
- 應對不測情勢或狀態：戰略預備

預備隊收集敵人的相關情報不確實，而忙於應對意外情勢，對戰術而言是必要的。就戰略面而言，因如下理由，不需編制預備隊。

- 一般的戰略行動很難做到隱密程度，所以敵人的戰略企圖大多可被察覺。
- 大軍的勝利可彌補小軍的敗仗，所以編制預備隊是多餘的。
- 重要的決戰必須投入所有的兵力。

有關戰略預備的兵力，我將克勞塞維茨的看法做了如下的歸納。第一，因為戰略行動很難做到隱密程度，因此都可察覺敵人的戰略企圖，所以為某一不測事態做準備是不必要的。其次，屬於重要戰略行動的作戰，一開戰就會投入大多數的兵力，

所以不需準備預備措施，甚至有的時候編制預備隊反而帶來危險。

不過，由戰略預備軍是決定戰役成敗關鍵的例子，在戰史上處處可見。關於預備軍的制度，在太平洋戰爭中對峙的日本和美國就有天壤之別。我們就以戰機飛行員為例來比較。

日本猶如「麻雀身上衣，一千零一件」一般，不斷重複著「養成即上戰場→消耗」的模式，而美國則行「訓練→戰場→休養」之三階交換制，以從容的態度確保航空戰力。兩國真的相差懸殊。在此，就來介紹美軍在太平洋戰爭時所採用的戰略預備制度，此制度相當的獨特。

✣行事風格迥異的指揮官

面對鬼迷心竅、打了瓜島戰役後又進攻所羅門群島的日本，美國海軍終於摘下了臉上的面具，露出廬山真面目。他們的艦隊編組顛覆以往的傳統，以火力強大的「高速空母機動部隊」與為攻擊日本海軍在太平洋中部據點所編制的「水陸兩棲作戰部隊」為基幹，再加上附屬的陸軍、海軍、陸戰隊的基地航空部隊及後勤補給部隊所組成。

其中被稱為第三十八及第五十八任務部隊的高速空母機動部隊，其基本軍備為兩艘基準排水量二萬七千噸、速度三十二海里、載機數量一千架的艾塞克斯級（essex）航空母艦及二艘一萬一千噸、三十二節、載機數量為四十五架的獨立級（independence）

輕航空母艦，另外再加上護衛的二艘新式戰艦、四艘巡洋艦、十六艘驅逐艦組成一個任務團隊（TASK GROUP），形成一支火力強大的部隊。這支擁有一千架戰機以上航空兵力的大型部隊，一晝夜可前進約七百海里（約一千三百公里），其機動力及攻擊能力都非常驚人。

另外，水陸兩棲作戰部隊，更是海軍史上第一支可以進行登陸作戰的部隊。易言之，這是一個形同登陸部隊的海軍師團及陸軍步兵師團所組成的「水陸兩用軍團」。由商船改造的護衛航空母艦、巡洋艦、驅逐艦組成「護衛部隊」。護衛航空母艦的排水量雖然只有八千噸，速度也只有十八海里，但是由於艦首處搭設了蒸氣發射機（catapult），所以可搭載三十架的新型戰機。

舊式的戰艦群則組成「支援部隊」。這支部隊在珍珠港空襲事件中受創，經過改造的六艘戰艦組成的部隊，主要任務是在水路兩棲作戰部隊登陸之前，以大口徑的砲做艦砲射及進行支援。除此之外，美軍還有一支由運送部隊、戰車、大砲、炸藥等之運輸船、登陸艇所組成的「軍需部隊」。

這四個部隊合為一體，即為進行登陸作戰計劃最猛的結構體。

❖智將和猛將適材其所

一九四三年六月，美國海軍擢昇太平洋艦隊司令尼米茲上將的參謀長史普魯安斯少將為中將（Raymond Ames Spruance，1886～1969），並任命他為第五艦隊司令官。

一年前只不過是率領四艘巡洋艦的史普魯安斯少將，一躍成了美國海軍史上率領最強艦隊的指揮官。七艘正規航空母艦、七艘護衛航空母艦、十二艘戰艦、十五艘巡洋艦、六十五艘驅逐艦、七十艘運輸艦等二百多艘艦艇，陸軍、海軍、陸戰隊的基地航空部隊約四百架戰機、三萬五千名登陸部隊士兵、六千台的車輛及十六名海軍少將、三名陸戰隊的將軍全都歸他統御指揮。

美國海軍之所以拔擢史普魯斯安，是因為他沉著冷靜、指揮能力卓越，和主將尼米茲上將默契十足，觀念一致。尼米茲上將更大力推薦他，認為「一切重責大任託給他，絕對沒有問題」。另外，美國海軍還有一種極為奇特、由兩組指揮官所組成的統率機構。也就是說，同一支艦隊，由史普魯安斯指揮時，稱為「第五艦隊」；由賀爾錫（William Frederick Halsey，1882～1959，美國海軍五星上將）指揮時，則稱為「第三艦隊」。

美國海軍之所以成立這種指揮系統，是基於下述的理由。美國可說是真的做到了完善的戰略預備。

▼完成作戰行動的主指揮官們，帶著原職和旗艦及少數護衛部隊、幕僚回珍珠灣休養。

▼利用休息時間，和太平洋艦隊司令部討論下一次作戰計劃、交換意見。

尼米茲

珍珠港遭到偷襲後，從少將晉升為上將，並一躍而為太平洋艦隊司令。冷靜、包容力強、具戰略眼光、果敢剛毅，是二次大戰中的名將。搭配個性強悍的賀爾錫與沉著的史普魯安斯大破日本海軍，對日本了解甚透。

美國海軍的戰略預備

（一個艦隊兩個指揮官的統率機構）

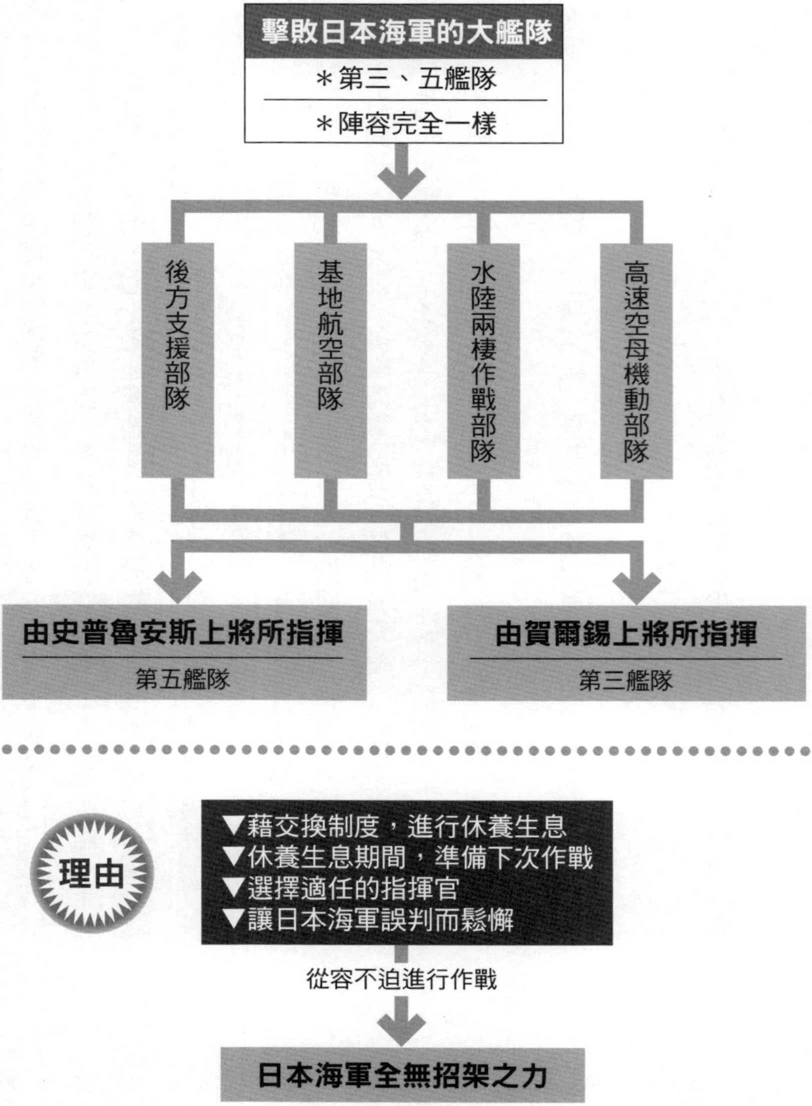
擊敗日本海軍的大艦隊
＊第三、五艦隊
＊陣容完全一樣
後方支援部隊
基地航空部隊
水陸兩棲作戰部隊
高速空母機動部隊
由史普魯安斯上將所指揮
第五艦隊
由賀爾錫上將所指揮
第三艦隊
理由
▼藉交換制度，進行休養生息
▼休養生息期間，準備下次作戰
▼選擇適任的指揮官
▼讓日本海軍誤判而鬆懈
從容不迫進行作戰
日本海軍全無招架之力

第三、五艦隊的主要指揮官

艦隊	第三艦隊 **W·賀爾錫上將**	第五艦隊 **R·史普魯安斯上將**
高速空母機動部隊	第38任務部隊 **J·麥肯中將**	第50任務部隊 **M· 米契中將**
水陸兩棲作戰部隊	第3水陸兩棲作戰隊 **C·威爾金森中將**	第5水陸兩棲作戰隊 **K·特納中將**
登陸部隊	第3水陸兩棲軍團 **R·凱亞中將**	第5水陸兩棲軍團 **H·史密斯陸戰隊中將**

▼根據作戰計劃，選擇適任的指揮官。例如馬里亞那海戰，因事關重大，就將史普魯安斯及在菲律賓海戰（雷泰亞海戰）有威猛表現的賀爾錫搭配在一起。

▼第三艦隊和第五艦隊為個別的兩支艦隊，其一為常備的戰略預備軍在一旁待命，故意讓日本海軍誤判而鬆懈。

這支龐大的軍隊，攻下吉爾伯特諸島之後，接著攻打馬紹爾群島、帛琉、馬里亞那各島、菲律賓群島、硫磺島及沖繩等地，每一戰都戰無不克，打得日本海軍全無招架之力，還讓日本嘗到了致命的一擊。

第 4 章

何謂「戰鬥」?

1 「單純的明快」及「複雜的巧妙」

● 戰鬥的終極目的在殲滅敵人。
● 但在現實中，未必每場戰鬥都以壓制敵人或殲滅敵人為目的，應作整體考量。
● 過去兵家曾云「用越少的兵法破壞敵人戰鬥力越高尚」。
● 因此有人企圖根據這些理論或組合各種手段的複雜巧妙計劃及行動，降低風險以破壞敵人的戰鬥力及戰鬥意志。

克勞塞維茨在這一章中所談的——戰鬥的終極目的為壓制或殲滅敵人。在戰爭中若要壓制敵人或殲滅敵人以屈服對手的意志，可用單純明快、直接攻擊的殲滅手段，也可用占領、牽制等各種手段組成的巧妙計劃，避開直接戰鬥，使對手屈服。當然，克勞塞維茨應會選擇前者。

當他在思考這個問題，例舉了面對對手的戰爭，所應採取的態度（積極或消極）以及準備複雜作戰計劃所需的時間等等問題。最後的結論則是：「複雜巧妙的攻擊計劃，常會錯失時機而失去制敵機先的好機會，所以果斷勇敢的攻擊，反而更具效果。」但是戰史上卻不乏和克勞塞維茨論調相反的例子。

總之，「單純明快」和「複雜巧妙」、「果決勇敢」和「深謀遠慮」何者較有利，都各有支持者。誠如克勞塞維茨所說，這兩種看法並不背道而馳，只看如何取得兩者之間的平衡罷了。

在此，介紹一個高明組合兩者、一戰降強敵的事例——名將漢尼拔戰敗的「札馬戰役」（Zama）。

卓越戰略大破名將漢尼拔

西元前二〇二年十月十八日，在北非的札馬平原上發生了第二次布匿戰爭（Punic War B.C.218～B.C.210）。名將漢尼拔和羅馬的年輕將帥普布留斯．可尼烏斯．西庇阿（Publius Cornelius Scipio，B.C.237～B.C.183，人稱大西庇阿）的大對決。

在義大利呼風喚雨、和羅馬軍交手十六年從未吃過敗仗的漢尼拔，為何返回祖國現身於札馬平原呢？因為他中了深謀遠慮、具有卓越戰略才華的大西庇阿所設的圈套。

西元前二〇九年春天，率領大軍到義大利半島的大西庇阿，趁漢尼拔的弟弟哈斯多爾巴爾戰死，一舉攻下迦太基的首都諾瓦．迦太基（Nova．Carthago，現在的喀他基那〔Cartagena〕）。對漢尼拔而言，失去了唯一的後方基地，無疑是致命的打擊。

漢尼拔

迦太基的名將。帶象越過阿爾卑斯的事跡在歷史上甚為有名。不論在第二次布匿戰爭或在義大利半島和羅馬軍對戰，都是百戰百勝。尤其是坎尼會戰，更成為後世殲滅戰的重要範本。論古今名將，漢尼拔必定名列前茅。

西元前二〇四年，不顧長年致力於迦太基和平的元老院及輿論的反對，下定決心要征服迦太基的大西庇阿，率領個人兵團及七千名義勇軍，組成一支三萬五千人的大軍開拔來到北非，在各地展開殺戮、掠奪等等暴行。嚇得直打哆嗦的迦太基元老院於是下達嚴命，要漢尼拔立刻返回祖國。

西元前二〇三年的秋天，漢尼拔終於離開了縱橫十六年的義大利。一直處於優勢的漢尼拔明白，在這種情形下撤軍絕對困難重重。

❖漢尼拔失勢

漢尼拔為返回迦太基，首先處決拒絕返回非洲的二萬名士兵，接著又殺了不加入運輸行列的五千匹馬及數不清的大象。此一悲劇讓漢尼拔頓失雄厚的戰力。漢尼拔帶著剩下的兵馬來到了札馬平原，札馬平原距離迦太基市西南尚有五天的行程。

此時漢尼拔擁有五萬名的步兵、二千名的騎兵，而大西庇阿則有四萬名步兵、四千名騎兵。

從數量來看，兩軍的兵力相當。但是漢尼拔從義大利帶回來的人馬中，除了二萬名是身經百戰的老兵之外，其他均是訓練不足的士兵。尤其是馬匹，不論質或量都居劣勢。

反觀大西庇阿的大軍，自來到非洲之後，一連串的戰鬥，不但汲取了豐富的作戰經驗，士氣更是大振。其中由曾在迦太基奮勇殺敵，熟知迦太基戰法的豪雄馬希尼薩（Masinissa，B.C. 238 ~ B.C.149，北非努米底亞國王）所奉領的東努米底亞（Numidia）精銳騎兵更是所向無敵。

十月十九日，漢尼拔在黎明前的札馬平原，將重步兵分為三線。第一線是戰死的么弟馬可的部下——勇猛的利古利亞兵（Liguria）；第二線是訓練不足的迦太基本國兵及少數直屬於漢尼拔的老兵；第三線是前鋒部隊，也就是一百四十匹戰象及兩翼的一千名騎兵。

大西庇阿同樣也將步兵分為三線，並在兩翼各佈署二千名的騎兵。此時，雙雄的想法皆是「坎尼會戰」再現札馬平原。

一開戰，漢尼拔以戰象突擊，再令步兵發動總攻擊對抗已呈混亂的羅馬步兵，同時讓第三線身經百戰的老兵左右展開進行兩翼包圍行動。大西庇阿也讓第三線的老兵向左右展開，持續防禦之戰。這場步兵對步兵的戰鬥，一直是漢尼拔占上風。

此時漢尼拔期待，西努米底亞國王西法克斯率領的援軍快快到來；而大西庇阿祈禱，追擊迦太基騎兵的東努米底亞騎兵快快回到戰場助其一臂之力。

馬西尼薩終於回到了戰場，並從背後猛襲迦太基的步兵，迫使漢尼拔的大軍轉攻為守，最後潰敗投降。

這場戰役中，迦太基戰死了二萬人馬，兩萬人被俘。而羅馬軍則死了二千餘人。果然是坎尼會戰再現札馬平原。戰敗後，迦太基和羅馬講和，並簽下了苛酷的和約。

坎尼會戰

以小搏大的典型戰役，後更成為包圍作戰及殲滅作戰的雛型。在二次大戰中，德國的興登堡（Paul von Hindenburg，1847 ～ 1934）和魯登道夫（Erich Friedrick Wilhelm von Ludendorff，1865 ～ 1937）包圍俄軍的「坦尼堡殲滅戰」及以此為範本。是演尼拔諸多戰役的傑作。

和約的條件包括「除了十隻小型艦之外，其餘所有軍艦及戰象全部繳交」、「未得羅馬許可，不得對外作戰」等等。讓迦太基失去西班牙及本國的後方基地、逼迫元老院召回漢尼拔、以遜於漢尼拔的兩翼包圍戰術打敗漢尼拔的大西庇阿，在札馬一役中真是贏得漂亮。

這個例子可說明克勞塞維茨的「採直接攻擊或間接攻擊」、「用單純明快的手段或複雜巧妙的計劃」及「要果決勇敢或是深謀遠慮」的兩種論調做了最高明的組合之後，贏得勝仗的最佳例子。

大西庇阿的戰略

（札馬戰役）

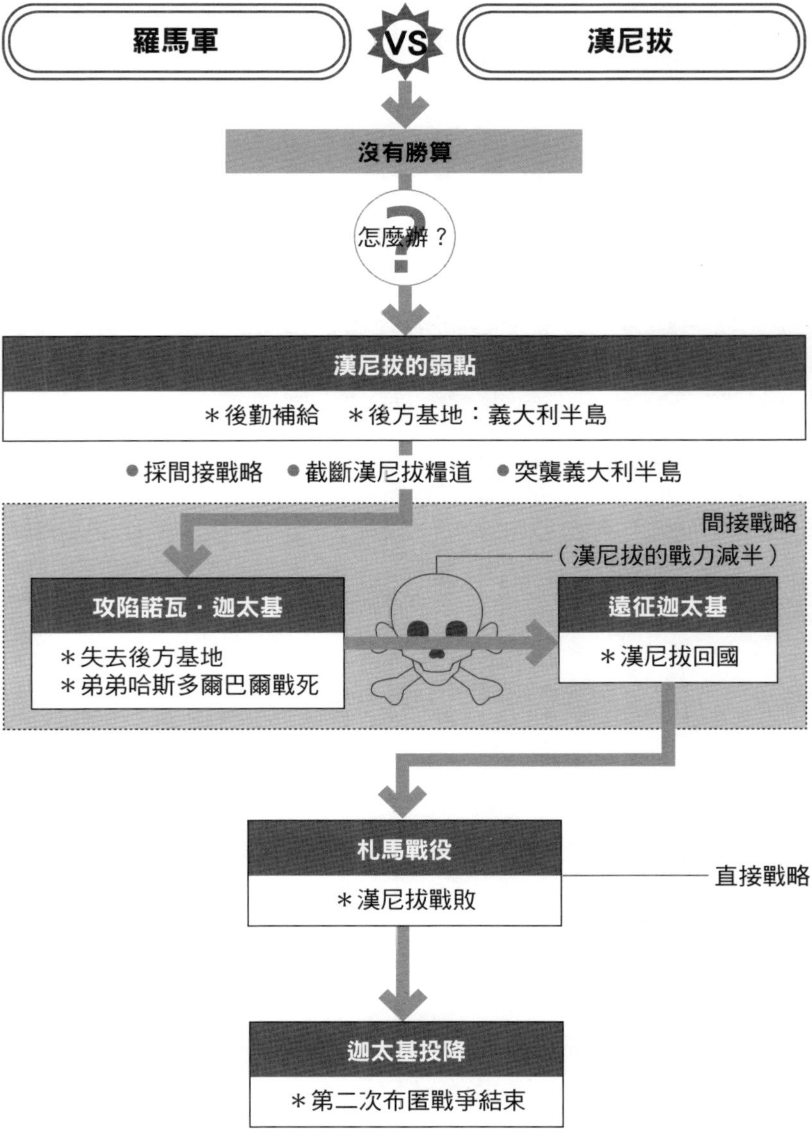
羅馬軍
VS
漢尼拔
沒有勝算
怎麼辦？
漢尼拔的弱點
＊後勤補給　＊後方基地：義大利半島
●採間接戰略　●截斷漢尼拔糧道　●突襲義大利半島
間接戰略
（漢尼拔的戰力減半）
攻陷諾瓦．迦太基
＊失去後方基地
＊弟弟哈斯多爾巴爾戰死
遠征迦太基
＊漢尼拔回國
札馬戰役
＊漢尼拔戰敗
直接戰略
迦太基投降
＊第二次布匿戰爭結束

2 物質層面和精神層面的損失，何者是致命的關鍵？

- 戰鬥中，物質上的損失並不是敵我唯一的損失。
- 軍紀、士氣、信賴、部隊間的連繫等等的疏失也是一種損失。
- 當敵我雙方的物質損失大同小異時，勝敗的決定就在精神。
- 總之，戰鬥就是以血腥式的破壞方法，清算敵我物質及精力的鬥爭。
- 所以，戰爭接近尾聲時，物質及精力剩較多的一方就是勝利者。
- 在這類戰鬥中，精力的損失將是敗仗的主因。

俗話說：「整體三七分，常保均衡。」實力在伯仲之間的戰爭，即使當下判斷「戰勝了」，還是不可以輕敵或粗心大意。反之，如果認為「到此為止」，但只要發揮堅忍不拔的精神奮戰到底，還是有可能反敗為勝。

克勞塞維茨也說，實力在伯仲之間的戰爭，精力失衡的那一瞬間，勝敗即定；一旦戰敗，損失會越來越大，並在軍事行動殺到終盤時，達到最高峰。

在第二次布匿戰爭中，迦太基戰敗就是個很好的例子。因為迦太基和羅馬在戰場上的實力在伯仲之間，迦太基本可靠驍勇善戰的主將掌握戰爭的優勢，但卻因人民在精神上屈服，終落得割地賠款、被迫講和的悲慘下場。

❖喪失戰鬥意志而投降

西元前二六四年，因西西里島統治權的問題，新興國家羅馬和強大的迦太基不斷發生戰爭。當時迦太基擁有由五百艘五段式槳之軍艦所組成的海軍，靠著卓越的經商才能及精湛的航海術，保有當時全世界百分之九十的貿易生意，地位猶如「地中海的女王」，是名符其實的海洋帝國。而以座落於台伯河畔的羅馬市為中心的羅馬，不過是個征服了義大利半島上各都市後，與這些都市互為盟友的新興地域性國家。

在西西里島的戰場上，羅馬靠著強悍的國民軍，屢屢打敗以傭兵為主的迦太基軍。不久後，迦太基的據點就只剩下西西里島西方的利利貝烏姆及多雷巴努。

但羅馬的海軍就不若迦太基，所以在陸戰中攻無不克的羅馬，不但無法掌握橫跨義大利半島及西西里島的梅西那海峽（Messina）的制海權，連後勤的補給線也有可能被迦太基的海軍給截斷。因此羅馬立刻大規模建設海軍，打造五段槳軍艦，培育海兵。

❖ 匆促成軍的羅馬海軍制服迦太基

建設海軍是需要時間與金錢的。更何況迦太基的海軍，早就承繼母國腓尼基數世紀以來的光芒君臨地中海了。所以倉促成軍的羅馬海軍根本不是迦太基的對手。

那麼，羅馬軍最擅長的是什麼呢？不用說，就是短兵相接的肉搏戰，也就是軍團兵的格鬥術。因此羅馬想出了上艦廝殺的戰法，當羅馬的軍艦靠近迦太基的軍艦，讓引以為傲的軍團兵強行登艦進行肉搏戰。

西元前二六〇年的歲末，提出此戰法的羅馬執政官苃利烏斯．尼伯斯即率領一百二十艘軍艦，在梅希那海峽西北的邁雷海面上，和迦太基一百五十艘艦隊進行對戰。他們強行殺入艦上，不但打敗了迦太基，還奪下了迦太基的八十艘船艦。此後，羅馬趁勢進攻，和迦太基形成一進一退的局面。

最後，希望確保西西里島的迦太基，在西元前二四七年祭出了最後一張王牌——被稱為「雷將」的年輕將軍漢米卡（Barcas Hamilcar，B.C.270～B.C.228）。一代名將漢尼拔就是他的長子。漢米卡不但洞察力敏銳，還有卓越的戰術及高人一等的戰略能力，原本不具忠誠度的傭兵都對他心悅誠服。

漢米卡接任西西里派遣軍總帥後，立刻轉守為攻。基於迦太基的陸海兵力均優於羅馬，漢米卡準備一口氣和羅馬決勝負，因而向祖國要求大規模的援軍。但是迦太基政府卻閃爍其詞、沒答應。因為迦太基捨不得雇請傭兵的花費。此舉不但讓漢

軍團兵

構成羅馬軍團的士兵。在嚴格的軍紀及實戰訓練下，不但擁有精湛的格鬥技術，還有超乎常人的戰鬥力。在隨身攜帶的兩支長槍抛出之後，他們會以配戴的雙刃短劍襲擊敵人，直到對方全身無力。

米卡無法成功一戰，更錯過了往後六年的大好時光。

西元前二四一年，迦太基終於將漢米卡所要求的補給及三百四十艘軍艦、八千艘運輸船等增援兵力送到都雷帕努姆。察知迦太基此動向的羅馬，立刻下令執政官茨利烏斯．尼伯斯指揮艦隊，在西西里島西方的艾卡迪斯海面上進行攔截。兩軍大戰的結果，迦太基慘敗。五十艘軍艦遭到擊沉，七十艘被劫走，八千艘運輸船全部喪失，還有二萬陸軍士兵被俘。迦太基在一夕之間失去了制海權，漢米卡也因為孤立無援，在西西里島上進退維谷。

不屈不撓的羅馬軍隊

厭惡羅馬像鬥犬般不斷地挑釁，又撐不住龐大戰費的迦太基，終於屈服，並允諾了講和下的苛酷條件。長達二十三年的戰爭中，羅馬的海軍雖然打過兩次敗仗，遭到三次的暴風雨襲擊，艦隊幾乎全滅，但是他們總是以不屈不撓的精神，團結一致、努力重建。反之，迦太基雖然屢次打敗羅馬，卻未利用優勢轉守為攻，落得一敗塗地。

這情形就如克勞塞維茨所說的「不是物質耗損，而是精力耗盡」。深深體會到迦太基政府的窩囊後，決定完成父親遺志的漢尼拔，終在西元前二一〇年發動第二次的布匿戰爭。

漢米卡·巴爾卡

名將漢尼拔的父親，迦太基名將。第一次布匿戰爭尾聲，困在西西里島力圖挽回的劣勢，最後還是因支援不足而飲恨。戰後，以總督身份和族人移師伊比利半島，以此作為向羅馬復仇的基地。

精神力的落差

（第一次布匿戰爭——爭奪制海權）

目的

＊爭奪西西里島 → ＊統轄地中海

當前的目標

地中海的制海權

羅馬的海軍

＊弱小
＊只有十數艘武力不強的戰艦

迦太基的海軍

＊強大
＊擁有五千艘戰艦的大艦隊

建設艦隊

思考新戰法

接舷・強行登艦廝殺

初嚐海戰勝利滋味

邁雷海戰

（一進一退）

羅馬方面的損失

＊2次戰敗　＊3次碰到暴風兩

↓

＊失去大型戰艦500艘

以不屈不撓的精神不斷努力重建

在艾卡迪斯海面進行海戰　羅馬獲得全勝

迦太基的應對方法

＊西西里島情勢好轉　＊殘存艦隊實力仍然強大

↓

＊厭惡戰爭

→ **講和**

3 不錯失好時機很重要

- 戰鬥的勝敗是逐漸形成的。所以不論何種戰鬥，皆有「勝負已分」的一瞬間。
- 這一瞬間就是勝敗的分岐點。
- 戰況不利的情形下，確認勝敗的分岐點格外重要。
- 錯過時機，無論多少援軍送到戰場，都難以挽回大勢，反而會增加無謂犧牲。
- 反之，在勝敗未定之時，投入精銳援軍，還可挽回大勢。

俗話說：「六日菖蒲，十日菊」（雨後傘，秋後扇）。意指，就算種得出挺拔的菖蒲、美麗的菊花，無法配合五月五日「端午」、九月九日「重陽」的節氣也沒用（菖蒲是五月五日要用的，到了六日才上場就來不及了。等於錯過時間就不管用的意思）。

本節所提示的重點，就是克勞塞維茨所說的教義，意思非常淺顯。總之，觀察作戰機會時，千萬不要像「六日的菖蒲」，對敗仗做無謂的增援。套用於商場上就是，為改善業務而進行經營管理生命周期「PLAN-DO-SEE（CHECK）」中的 SEE 非常的重要。

用在軍隊中則是，上級司令部發動作戰計劃（PLAN），令下屬部隊實際執行（DO）之後，慎重察核作戰計劃推展情形（SEE），再適時視需要採取必要之措施。說得更具體一些就是「連續判斷情勢」及「監督實施」。確定戰敗，卻還將所剩無幾的部隊投入大勢已去的戰場當後援，終釀成悲劇。

這悲劇就發生在太平洋戰爭末期，為支援沖繩攻防戰而進行的海上特攻行動。也就是大和戰艦的出擊。

❖奉命出擊的大和戰艦

在一九四五年四月五日開打的沖繩攻防戰，聯合艦隊司令豐田副武上將未預告即發一封電文給第二艦隊司令伊藤整一中將，電文的內容是：「由第一遊擊部隊擔任海上特攻部隊，八日黎明行動，以進占沖繩為目標，速速完成出擊準備。」一個小時後，伊藤中將又接到第二封電文，電文的內容是：「將大和及第二水雷戰隊編成海上特別攻擊隊，六日離開豐後水道，八日黎明進攻沖繩，消滅散軍艦隊。」

在此，我先針對當時的第二艦隊（第一遊擊部隊）做一簡單說明。在菲律賓諸島海戰（雷伊泰海戰）戰敗後，失去武藏號等多艘主力船艦的日本海軍，又因為爭奪戰失利，再度重創殘存的船艦，顏面盡失。這回好不容易才將停泊於本土的船艦

大和戰艦

日本海軍最引以為傲的巨型戰艦。基準排水量為六萬四千噸，時速為二十七海里，上有九門口徑四十六公分的巨砲。第二號艦為「武藏」、第三號艦為「信濃」。在兵法上，這是一艘跟不上時代潮流的落伍戰艦，完全不管用。在沖繩攻防戰中被擊沉。

編成第二艦隊（以軍隊來區分，則稱第一遊擊隊），但是這支誇稱世界排名第三的日本海軍，卻因此而踏上了窮途末路，下場悲慘至極。

▼第二艦隊司令部

司令　伊藤整一中將

參謀長　森下信衛少將

▼大和（旗艦）

艦長　有賀幸作上校

▼第二水雷戰隊

司令　古村啟藏少將

輕巡洋艦「矢矧」　驅逐艦八艘

另一方面，以美軍為主的聯合軍陣容則包括：總指揮官賀爾錫上將、與之替換的第五艦隊司令史普魯安斯上將，攻略部隊及水陸兩棲作戰部隊的指揮官為身經百戰的特納中將。

登陸部隊則為巴克納陸軍中將的第十軍及其麾下的第三水陸兩棲軍團中的三個陸戰隊師團、陸軍第二十四軍團的四個步兵師團，總數達十八萬三千人。負責運輸的船艦有一千一百三十九艘，另外還有以護衛航空母艦及舊式戰艦為主的三百一十八艘艦艇。支援部隊則包括由戰歷豐富的米契指揮，此部隊有史上最強大十六艘航空母艦、七艘新式戰艦等之高速空母機動部隊第五十八任務部隊，及羅林克斯中將所率領，擁有四艘航空母艦、二艘戰艦、二十六艘英國機動部隊，及第五十七任務部隊。這三支部隊的陣容，猶如銅牆鐵壁。

兩相比較，即知雙方戰力相差懸殊。不論是誰都知道大和戰艦是到不了沖繩的。

❖最後的出擊機會

話說回來，接到出擊命令的第二艦隊瞬間氣氛緊張。一干人等對這個魯莽的作戰計劃提出嚴厲的批判和責難。對大家的反應感到驚訝的豐田聯合艦隊司令，下令召回在鹿屋基地開作戰會議的參謀長草鹿龍之介中將、以及作戰參謀三上作夫中校，在大和號遊說第二艦隊的主要幹部。

更令人訝異的是，在聯合艦隊司令部擔任作戰樞紐的兩人，對此事竟毫不知情。當他們得知此事，猶如青天霹靂。因此草鹿中將的說服任務進行得極為不順，一籌莫展的說：「……我希望你們當『一億總特攻隊』的先鋒部隊。」聽到草鹿聲聲懇請，第二艦司令官這才說：「這樣我懂了！」此後才坦然面對此事，決定讓大和號做最後的出擊。

大和號等十艘戰艦在德山海面加滿燃料後，於六日十五時二十分出發，黃昏時候離開豐後水道，航向沖繩。有人說這十艘船艦只加了單程的燃料。但是從德山海軍油庫已經到底的實情推算，大和號、矢矧號裝了八分滿的油，其他八艘驅逐艦則加滿了油，應該才是正確的答案。

另外，美國海軍還利用暗碼解讀、潛艇監視、航空哨警戒等手段，掌握日本海上特攻部隊的一舉一動。因此，七日正午一過，第二艦隊就受到第五十八任務部隊接連兩波、四百架次戰機的攻擊。第二水雷戰隊旗艦矢矧號首先被擊沉，接著在十四時二十三分，大和號也被九枚魚雷及三發炸彈擊中而翻覆爆炸，然後四艘護航的驅逐艦相繼沉入海底，這次的海上作戰行動就此落幕。戰死的官兵包括司令伊藤中將、大和戰艦艦長有賀上校等三千七百二十一名，這真的是一場徒然無功的戰爭。

為什麼日本會發動這場不合乎理性、相關者也都幾乎毫不知情的無謀軍事行動呢？關鍵就在聯合艦隊參謀長宇垣纏中將的手記〈戰藻錄〉中，記載：「……事會至此，主因是因為軍令部總長上奏天皇時，天皇詢問只有航空部隊發動總攻擊嗎？軍令部總長於是回答，海軍也會傾全力參與。因此這是帷幄運籌總長的責任。」易言之，和沖繩第三十二軍總攻擊相互呼應的海軍「菊水一號」作戰計劃，事實上是軍令部司令上奏天皇時，回答天皇海軍會傾全力參與，才讓海軍不得不然而下不了台的。

據說事情的真相是，一籌莫展的軍司令部總長及川古志郎上將和豐田艦隊司令商量之後，即決定不讓相關人等知道實情，並在匆促之間擬定了這個作戰計劃。

戰藻錄

曾任聯合艦隊參謀長、第一戰隊司令、第五航空艦隊司令等要職的宇垣纏中將，從太平洋戰爭開始到結束當日、特攻隊出擊之前，都有記錄日本海軍點滴的習慣，猶如日誌。內文記錄非常公正，是研究日本海軍的重要資料。

零軍事理性的作戰計劃

（令大和戰艦出擊）

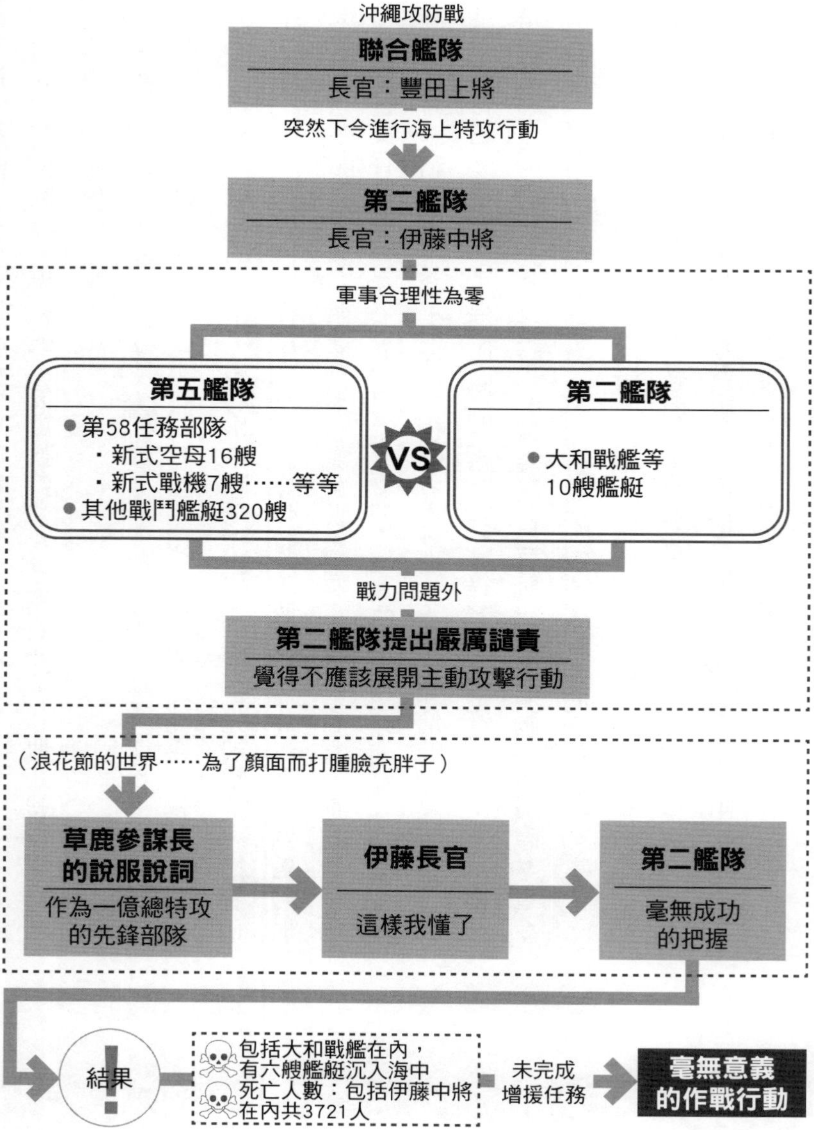
沖繩攻防戰
聯合艦隊
長官：豐田上將
突然下令進行海上特攻行動
第二艦隊
長官：伊藤中將
軍事合理性為零
第五艦隊
●第58任務部隊
・新式空母16艘
・新式戰機7艘……等等
●其他戰鬥艦艇320艘
VS
第二艦隊
●大和戰艦等
10艘艦艇
戰力問題外
第二艦隊提出嚴厲譴責
覺得不應該展開主動攻擊行動
（浪花節的世界……為了顏面而打腫臉充胖子）
草鹿參謀長
的說服說詞
作為一億總特攻
的先鋒部隊
伊藤長官
這樣我懂了
第二艦隊
毫無成功
的把握
結果
包括大和戰艦在內，
有六艘艦艇沉入海中
死亡人數：包括伊藤中將
在內共3721人
未完成
增援任務
毫無意義
的作戰行動

4 「會戰」的勝利效果驚人

- 所謂會戰，是以主力進行的戰鬥。
- 會戰的主要目的，是殲滅敵人的戰鬥力。
- 會戰所獲得的勝利效果驚人，非從屬的戰鬥可以比擬。
- 其中，對於戰敗國的精神層面影響尤距，甚至可讓該國陷入毀滅性的混亂之中。
- 在會戰中打贏勝仗，不但可鼓舞民心及政府的士氣，還可影響其他的活動。

企業在某一定時間或期限內，傾全力進行某一目的的特別企業活動為「CAMPAIGN」，就是「會戰」的意思。

某一戰爭或者是重要的劃時代作戰行動，如要獲得決定性的成果，即會將主力投入戰場，和敵人的主力軍做正面的戰鬥，我們此一軍事行動為「會戰」。

從戰史上，我們可以舉出太多和國家命運息息相關的會戰。例如亞歷山大大帝（Alexander the Great）滅波斯的「高加米拉之役」（Gaugamela），以及漢尼拔的不朽名戰「坎尼會戰」等。其中，離開流放地厄爾巴島（Elba）後復位的拿破崙．波拿巴（Napolcon Bonaparte，1769～1821）結束百日天下（The Hundred Days，亦譯百日執政或百日復辟）的「滑鐵盧會戰」（The battle of Waterloo）。

❖慘遭滑鐵盧

拿破崙退位後，為了處理拿破崙體制而舉行「維也納會議」。但在會議中，列強的利害關係彼此對立，糾紛不斷，用「會議像舞會，全無進展」形容再貼切不過了。

就在列強夜夜為這種絢爛豪華的舞會神魂顚倒的一八一五年二月二十六日夜半時分，狂熱的拿破崙主義者和受人民請託的拿破崙，率領一千七百人脫離了流放地厄爾巴島，在三月一日抵法國坎城（Cannes）。

法國政府大吃一驚，立即派遣討伐軍，但將士們看到拿破崙的雄姿，卻瘋狂地喊「皇帝萬歲！」（VIVA LANPURURU）紛紛加入戰爭的行列，另外奉路易十八嚴命「要生擒活捉！」而趕來的拿破崙昔日股肱之臣尼元帥（Michel Ney，1769～1815）也擁抱拿破崙，且熱烈盈眶喊著：「皇帝啊！我愛您！」拿破崙就在子民的盛情擁戴下，於三月二十日，堂堂進入路易十八已棄而逃跑的巴黎，復辟登上法皇的位置。

在維也納會議中貪圖安逸的各國，乍聞拿破崙復辟甚為愕然，立刻宣佈拿破崙為「歐洲全體的公敵」，並從英、奧、俄、普，義等國調來七十萬的大軍，準備進入法國。

維也納會議

為了確立一八一四年四月法國皇帝拿破崙一世退位後的新秩序，歐洲各國的代表聚集在奧地利首都維也納，舉行會議。由於各國的利害關係相互對立，會議遲遲沒有進展，被形容是「會議像舞會，全無進展」。

好不容易集合了一支二十萬人軍隊的拿破崙，面對列強的來勢洶洶，決定採取最後方法死裡求生。他趕在從比利時南下的惠靈頓（Arthur Wellesley Wellington，1769～1852）和布里歇耳（Gebhard von Blucher，1724～1819）英普聯軍會合之前，予以各個擊破，朝著目的地布魯塞爾北上。之後就即發生了攸關拿破崙命運的「滑鐵盧決戰」。

一八一五年六月十六日，拿破崙派猛將尼元帥攻擊在布魯塞爾南方卡特·布拉布下陣式的惠靈頓。惠靈頓戰敗逃到北方的滑鐵盧。而拿破崙本身則在東方的里尼打敗布里歇耳元帥的普軍之後，讓格魯希繼續追擊，自己則和尼元帥會合一起前進滑鐵盧。

到目前為止，一切看似進行順利，可是由於尼元帥的攻擊不夠徹底，讓惠靈頓逃走；格魯希元帥追擊不夠有始有終，弄丟了布里歇耳，卻造成了致命之傷。到了六月十八日早上，參謀總長斯路元帥向拿破崙請求準備開戰，拿破崙以「一夜豪雨，地面泥濘不堪，會影響砲兵展開行動」為由回拒了。十一點半，拿破崙終於讓步兵軍團攻擊在蒙山將高地（monsaingeon）的英軍，但是英國惠靈頓將軍以約七萬的步兵布下十三個方陣頑強抵抗。

拿破崙於是投入決戰主兵力、由尼元帥率領的一萬盔甲騎兵團，終於擊敗了其中七個方陣，但是受阻於馬防濠，而無法徹底解決分一勝負。晚上七點，拿破崙終於將近衛師團投入戰場。在戰況對法軍有利、但勝負未分的黃昏時刻，就看接著趕來的是格魯希的援軍、還是布里歇耳的援軍了。

❖拿破崙時代結束

此時，不耐緊張氣氛的惠靈頓大叫：「是布里歇耳！趁夜而來！他們死定了！」這句話在戰史中相當有名。換句話說，有布里歇耳的援兵，他們贏定了。如果當時不是夜幕低垂、不分勝負，惠靈頓他們鐵輸無疑。所以惠靈頓的這句話，道破了當時的狀況。不一會兒只見煙塵滾滾，來者正是閃過格魯希追擊，由布里歇耳所率的六萬普魯士大軍。剎那間攻守易位，法軍大敗，拿破崙的「百日天下」就此閉幕。

在歷史上，尤其是戰史，最忌諱「如果」這兩個字。但是對滑鐵盧戰役而言，實在有太多的「如果」可以改變結果了。

如果六月十六日的前哨戰，尼元帥徹底追擊惠靈頓，格魯希也追布里歇耳追到底……如果拿破崙於預定時間開戰，親自到陣為士兵打氣，並果斷指揮……如果拿破崙早點將近衛師團的兵力投入戰局等等。

有句格言說，所謂良將、名將，是指「在戰場上失誤較少的將帥」。對拿破崙來說，這場戰役真的是錯誤連連。另外，從精神層面分析敗仗的原因，還包括拿破崙因健康狀態欠佳，部將們擁有元帥、公爵等封號早已功成名就，雖有在野時的野心，但作戰氣概不足等等問題。

拿破崙失敗的原因

（精神諸力低落）

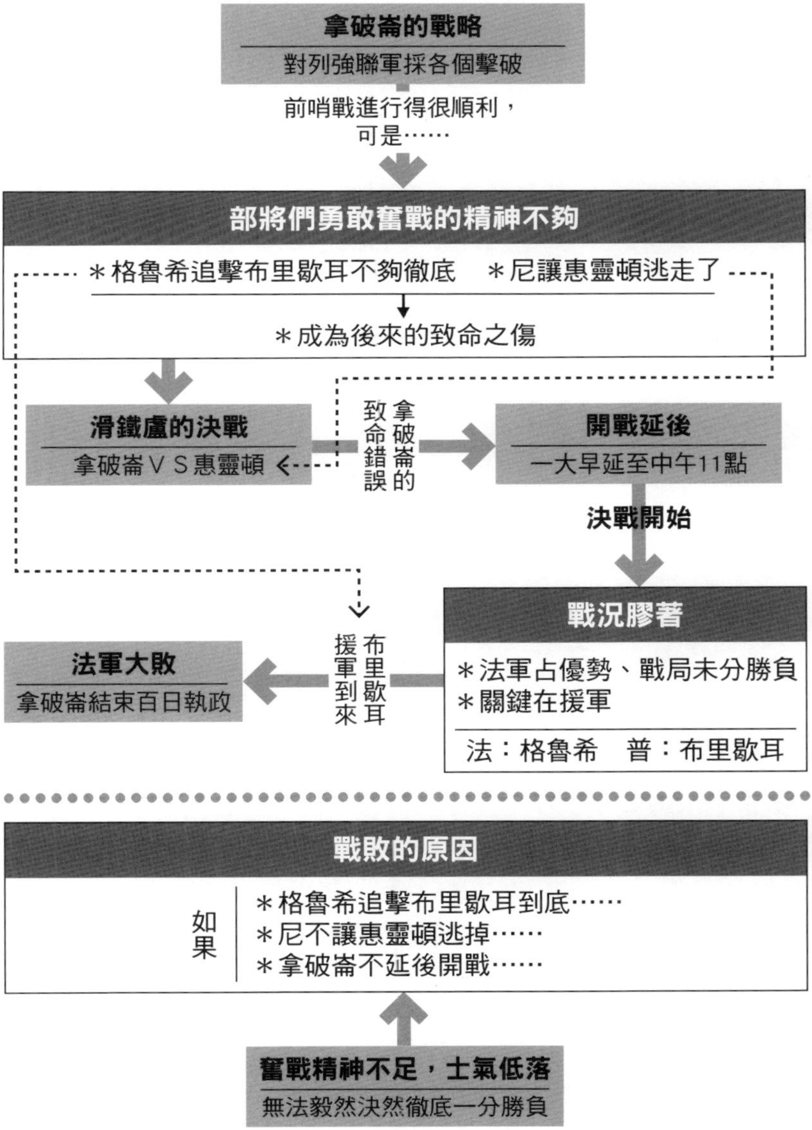
拿破崙的戰略
對列強聯軍採各個擊破
前哨戰進行得很順利，
可是……
部將們勇敢奮戰的精神不夠
＊格魯希追擊布里歐耳不夠徹底
＊尼讓惠靈頓逃走了
＊成為後來的致命之傷
滑鐵盧的決戰
拿破崙ＶＳ惠靈頓
拿破崙的致命錯誤
開戰延後
一大早延至中午11點
決戰開始
戰況膠著
＊法軍占優勢、戰局未分勝負
＊關鍵在援軍
法：格魯希　普：布里歐耳
布里歐耳援軍到來
法軍大敗
拿破崙結束百日執政
戰敗的原因
如果
＊格魯希追擊布里歐耳到底……
＊尼不讓惠靈頓逃掉……
＊拿破崙不延後開戰……
奮戰精神不足，士氣低落
無法毅然決然徹底一分勝負

滑鐵盧戰役後，拿破崙在十月十六日，被英軍送抵航程需七十天、四千五百海里外、位於大西洋南部的聖赫勒拿島（St. Helena）嚴密監視。拿破崙即在此度過他最後的五年歲月。

5 狀況不對，斷然放棄會戰

- 會戰的勝敗結果是漸次成形的，因此在過程中，均衡變化的徵兆會漸漸出現。
- 將帥必須觀察種種徵兆，當狀況明朗，在不得已的情況下，須斷然決定放棄會戰。
- 通常將帥會憑著勇氣和耐力不放棄會戰。
- 但是，當戰鬥自然而然出現臨界點，繼續堅持會危及軍隊時，即應放棄另謀東山再起的機會。

不論是戰爭或者是經營企業，半途而廢是非常糟糕的事情。因此要在戰況不利的情形下，中途停止或者是放棄攸關國家命運的會戰，必須下定極大的決心。

但在情勢有利，有大好機會一舉屈服對手的情形下，亦有擔心萬一失敗會影響以後狀況而迴避會戰的罕見例子。

日本歷史中，羽柴秀吉（1536～1598，幼名日吉丸，初名木下藤吉郎，後改為羽柴秀吉，一五八五年賜姓豐臣，改為豐臣秀吉）避開和毛利家重鎮吉川元春（1530～1586，武將）開打的「馬野山對決」就是其中一例。

❖雖處在優勢仍應迴避決戰

毛利家在山陰方面的最前線、因幡鳥取城，從天正九年七月以來，其軍糧即不斷被織田家的司令官羽柴秀吉攻擊，深以為苦。當時專心對付叛離的備前宇喜多的毛利家，根本無力派出人馬救援，該年十月，身為山陰總督的吉川元春（毛利元就的次子）才率領七千士兵前往救援。來到伯耆橋津時，元春得知鳥取城被攻陷，城將吉川經家（1547～1581）自殺，即在馬野山佈陣。

另一方面，秀吉知道元春在伯耆紮營佈陣之後，認為這是打擊毛利家的大好機會，遂率全軍進入伯耆，選擇可以鳥瞰整個馬野山的御冠山佈陣。馬野山，後方西面有橋津川流經，北面是日本海，南面是東鄉池的湖水，等於三面環水形同死胡同。再加上元春把架在橋津川上的橋扯斷，又將渡河用的數百舟船撤到岸上、並折斷所有的船槳。這種情形下，真的是背水一戰。

就算吉川元春是位名將，畢竟也只有七千人馬，而對手秀吉有四萬兵馬，而且全體將士才因攻下鳥取及丸山兩座城池而士氣高昂。因此部將們走進了元春的帳幕，向元春建議：「這場仗毫無勝算，我們不如先行撤退，和毛利輝元（毛利元就的孫子）、小早川隆景（1533～1597，毛利元就的三子）的人馬會合後再重新出發。」元春以在橋津川所捕的鮭魚招待大家，並從容不迫的說：「寒風颯颯的吹，敵人在山上一定冷得發抖，士兵精神一定不振。我們就在這兒取暖飲酒、養兵蓄銳，明天再孤注一擲，和秀吉拚個你死我活。」部將看在眼裡，即不再堅持撤退而離開。

後來，這些部將又悄悄夜探本營，發現元春靠著柴火熊熊燒著的爐邊取暖，睡得鼾聲大作。元春的家臣們甚至還擊鼓吟唱歌謠，一副泰山崩於前而面不改色的悠然自若。元春的三個兒子元氏、元長、經言則神情冷靜謹慎地進行巡檢。

部將們見此，精神大為抖擻而興奮地說：「所謂軍神指的就是元春父子吧。面對數倍多的敵人進行背水一戰，竟然還能如此冷靜沉著，有此大將領軍，即使敵人有數倍之多，亦不足以懼。明日一戰，我們必勝。」

就在此時，秀吉正好也集合各將領開會。曾被元春逐出伯耆羽衣石城的南條元續（～1591）主張：「真是天助我也，元春所帶的人馬並不多。只要能除掉元春父子，其他如毛利輝元、隆景等人根本不算什麼。明天我們就發動總攻擊，一舉除去吉川的勢力。」而其他部將也贊成這個建議。

其中只有宿老蜂須賀彥右衛門正勝說：「元春是個名將，而且本來就氣勢衝天，現在一定滿腦子都想為失去鳥取城而復仇。相較之下，我們的兵士因為才剛攻陷鳥取、丸山兩座城，心境較為傲慢。再加上我們的兵力比元春多上數倍，大家更認為

放棄會戰的決心

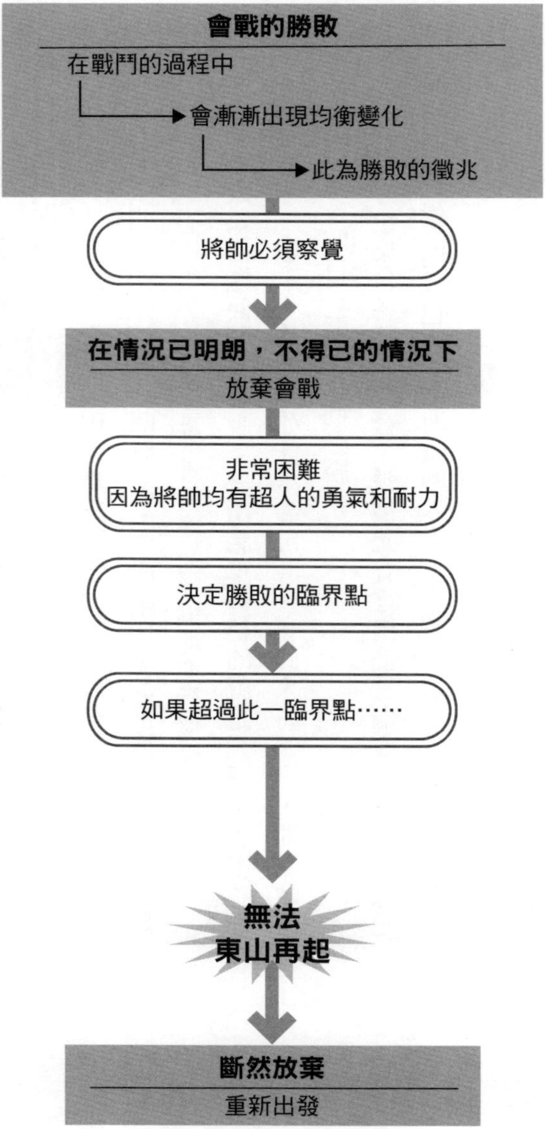
會戰的勝敗
在戰鬥的過程中
會漸漸出現均衡變化
此為勝敗的徵兆
將帥必須察覺
在情況已明朗，不得已的情況下
放棄會戰
非常困難
因為將帥均有超人的勇氣和耐力
決定勝敗的臨界點
如果超過此一臨界點……
無法
東山再起
斷然放棄
重新出發

秀吉放棄決戰

（馬野山的對決）

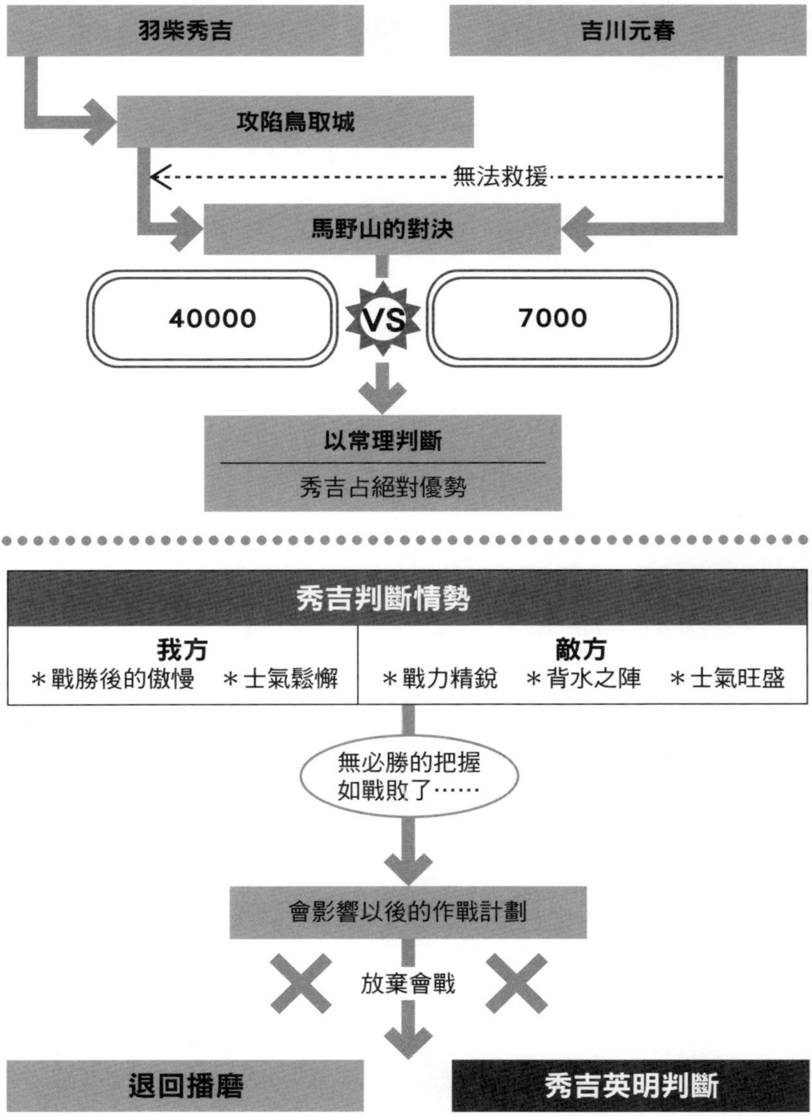
羽柴秀吉
吉川元春
攻陷鳥取城
無法救援
馬野山的對決
40000
VS
7000
以常理判斷
秀吉占絕對優勢
秀吉判斷情勢
我方
＊戰勝後的傲慢　＊士氣鬆懈
敵方
＊戰力精銳　＊背水之陣　＊士氣旺盛
無必勝的把握
如戰敗了……
會影響以後的作戰計劃
放棄會戰
退回播磨
秀吉英明判斷

勢在必得而顯得安心，因此我們並無完全的勝算。如果因這一戰而蒙受損失，一定會影響之後征伐中國的大計。我們此趟已攻下兩座城，就算現在折回也不算丟臉。我認為我們應該返回播磨。結果，秀吉採納了正勝的意見，於次日悄悄撤軍離去。見此情景，元春勇猛的長子元長企圖率軍追擊，被元春當場制止，只靜靜地目送羽柴的兵馬撤退。

任細觀察元春的鬥志及信心後，不為大勢所趨，冷靜判斷戰況的秀吉，真足以和各個名將分庭抗禮。

後來元春背水一戰的故事在各地傳開之後，即出現了「吉川拆橋」的諺語。取其「為戰而賭，大膽一決勝負」的涵義。

6 退兵，仍應講究方法論

● 會戰失利後進行退兵，必須朝著再度恢復均衡的方向前進。
● 此處所說的均衡，是指恢復受挫後的戰力，尤其是精神力量。
● 須恢復均衡的主要原因為：
・等待新的援兵出現
・援護有力的要塞
・利用地形上的最大剖面
・分散敵軍等等。

在大型戰鬥或會戰中失利時，一定要設法保住所剩的兵力，退到後方的據點，重新編隊補充戰力，再圖東山再起。不過這一連串的動作真的是「知易行難」。

首先，要擺脫敵人的乘勝追擊就相當困難。即使能夠退守到安全的據點，要恢復因戰敗受挫的精神更為不易。

退兵時的必要條件為何？克勞塞維茨認為完成退兵的必要條件有四。

▼為了盡可能維持有利的精力，要不斷地進行抵抗和大膽的逆襲行動。
▼為了不受敵人威嚇、整齊退兵，一開始的移動範圍盡量縮小。
▼將部隊中最強的士兵組成精銳的後衛隊，交由幹練的將領指揮，碰到非常時期，就可以用這支後衛隊支撐全軍，必要時還可利用地形等，計劃小型會戰。
▼退兵時，盡可能集體行動，避免兵力分散。這是恢復軍隊秩序、信心、勇氣及信賴的必要條件。

不過，縱覽世界戰史，能夠漂亮退兵的例子幾乎沒有。

從日本戰國時代舉例的話，則有到越前征討朝倉義景的織田信長，未料到義弟淺井長政背叛，進退兩難時在「金崎退兵」，以及在「關原之戰」強行離開戰場回到本國的島津義弘等等。這一節中，我們就來看看島津義弘（此時已出家，號惟新入道）強行突圍的情形。

❖成功退兵的最佳例子

慶長五年（一六〇〇年）九月十五日上午，一分天下的關原之戰如火如荼地進行，一支人馬無視四周的戰火，靜悄悄地往前衝，令人毛骨悚然。這就是在薩摩、

島津義弘（1535～1619）

因豐臣秀吉征伐九州，繼投降的哥哥島津義久之位，擔任薩摩、大限、日向的太守。征伐朝鮮後期，在泗水之戰以七千兵馬大勝明朝和朝鮮的二十萬聯軍，而聲名大噪。在關原之戰，直接穿越敵軍的中央突圍而去，離開戰場回到薩摩。

大隈、日向、領六十二萬石的太守島津惟新入道義弘，所率領的一千五百兵馬。

此時的義弘基於——原本敵人東軍的總帥德川家康（1542～1616）就交情匪淺，因而完全無心為西軍作戰。義弘在面臨選擇東西軍時，原是屬意東軍，所以照著約定來到家康的西邊據點伏見城準備進城，沒想到被守將鳥居元忠所拒，不得不投向西軍。

另外義弘曾多次向本國求援，可是援軍遲遲未到，逼得身經百戰的義弘面對毛利秀元、宇喜多秀家及小小官史石田三成等人時，硬是居於下風，對於此事，島津始終耿耿於懷。再來，當西軍知道家康已在美濃佈陣時甚為驚訝，準備撤軍入大垣城之際，島津竟被獨自拋在敵人陣地墨俣川的對岸，還有他反對轉進關原，建議趁東軍疲憊之時進行夜襲，卻被石田三成等人回拒等等，讓島津的心境格外複雜。

回到主題。戰局的發展本來是對西軍有利，但由於毛利秀元所率領的西軍主力兵馬三萬人遲遲未動，再加上小早川秀秋（1582～1606）的倒戈投敵，西軍陷入一片混亂。

就在戰局明朗化、東軍幾乎勝利在望的下午二時，島津的人馬開始行動了。他們準備離開戰場。誠如克勞塞維茨所說，要在敗軍中進行退兵，簡直是難上加難。因為敵軍通常都會乘勝追擊，因此殘兵敗將在敵軍緊追不捨下，都會被吞噬遭到消滅。

但是，義弘所採的退兵之策卻非常另類。他竟然直接穿過東軍的正中央，強行突圍離開戰場。他讓全軍一千五百位士兵排成楔子狀的突擊陣形，自己站在最前頭。再讓自己年輕的姪子，也就是領二萬八千石的日向佐土原之城主、以勇猛著稱的島津豐久負責最困難的後衛之戰。島津帶著人馬衝進了敵營，福島的人馬企圖阻攔，三兩下就被撂在一旁。接下來的的黑田、細川的人馬均下意識閃開戰鬥，讓島津過去。因為此時東軍已確定獲勝了。

在朝鮮泗川城戰役中，曾以少數的七千兵馬大勝明朝和朝鮮的二十萬聯軍，並砍下敵軍三萬八千多個項上人頭，被稱做「連哭泣的孩子見了都會不哭的石曼子（SHI-MANTU）」（朝鮮子稱島津為石曼子）的島津，此刻必然抱了必死的決心。對東軍而言，在勝利已定的情況下，去惹島津無疑是多事，事情沒處理好更不划算。

❖島津家的獨特退兵戰術「捨屈」

不一會兒，島津人馬的馬蹄聲轟然逼進家康的本營。突然間，島津來個急轉彎朝向東邊而去。在此之前，一直很欣賞島津的勇敢、默默守護著島津的家康，看到島津竟如此不負責任逃離戰場，一怒之下命直屬將領井伊直政和本多忠勝從後追擊。至此，島津的人馬才算真正進入戰場。

不過對島津而言，「捨屈」（退兵時，特別留下一些埋伏的兵馬，以槍枝或遠箭狙擊靠近的敵軍首領等的戰術）的戰法的確是一種很獨特的退兵戰術。這是種從後衛人馬釋出兩個以上的小型部隊，在相互掩護支援中，狙擊對手以阻斷敵人追擊的戰法。此戰法的最大特色，就是要將日本第一槍彈集團的本事發揮得淋漓辦致。

在島津豐久勇猛、卓越的指揮下，本多人馬的追擊，數次都無功而返，但是畢竟寡不敵眾，豐久最後連同後衛軍八百餘人都死於追兵之下。接著豐久之後補衛的老臣壽院盛淳，為了爭取時間，高喊：「我是島津義弘！」引開敵人，壯烈戰死沙場。最後才追上來的井伊人馬，由於主將井伊直政及其女婿，也是德川家康的四子松平忠吉受到狙擊身受重傷，停止追擊行動。島津人馬這才得以死裡逃生。

這些殘存的人馬，雖然在中途遇上了土寇，但還是穿過伊賀，經由奈良、大阪，再購船走海路回到薩摩。據說這批返回薩摩的人，除了主將惟新入道義弘之外，還有八十餘人。

無論如何都要主君義弘返回故土薩摩的目的（目標）下，這支只有一千五百人的部隊，表現了不屈不撓的奮戰精神、自豐久以下之人的犧牲精神、卓越的退兵戰法等，都是這次退兵行動成功的主要因素。這個罕見的例子中，我們可以了解克勞塞維茨所強調的各種退兵條件。

此後，島津家即動員薩摩、大隅、日向三國的力量，進入備戰狀態，同時和德川幕府展開巧妙的外交談判。此舉不但守住原有之六十二萬石的領地，還收復了被沒收的島津豐久二萬八千六百石的佐土原，更獲得了琉球的統治權。

據說德川家康對島津義弘展現的超猛韌性、精明的軍事能力、靈活的外交手腕及強大的精神力等，都佩服得脫帽致敬。

島津義弘從敵人的正中央進行突圍

（成功退兵的例子）

從敵人中央進行突圍
得以成功的原因

島津勢的戰力

●心・技・體均充實

▼主將義弘不動心
▼部將具備卓越的指揮能力
▼高明的戰法
▼部下擁有一顆強烈忠誠的心及勇敢奮戰的精神
▼精強的戰鬥力

＋

東君諸將各有盤算

▼戰鬥已勝利
▼島津太強了
▼出手定受傷
▼不做無謂的戰鬥

↓

成功從敵人的正中央突圍而去

關原之戰

島津義弘

▼無積極參戰的意志
▼對三成心存芥蒂

↓

▼保存自己的兵力

（西軍崩解）

↓

島津離開戰場

目的：返回故土

1500人ＶＳ8萬人馬

突破東軍的
重重追擊

↓

返回故土
８０人

第 5 章

決定「戰鬥力」的因素是什麼？

1 當兵力有落差時，最後的王牌就是精神力量

- 現今各國軍隊的實力差異並不大。
- 發生戰爭、思考勝敗因素時，兵力變成決定性的要因。
- 但以戰略而言，絕對兵力是固定的，連將帥都無法變更。
- 當敵我戰鬥力有顯著的落差時，有解決此問題的理論或依據？

看完有關兵力多寡的比較後，不禁令人大驚。因為這簡直是「寧為玉碎，不為瓦全」的思考模式。克勞塞維茨的推衍過程如下。

近年來各國的軍隊實力，論其軍備、訓練等的水準，幾無顯著的區別。所以戰爭的成敗，即由敵我兵力的多寡來決定。

事實證明，連拿破崙都無法戰勝兵力多於自己兩倍的敵人。因為戰時將領可用的兵力有限，是無法靠自己的判斷改變的。

因此，以理論而言，兵力有顯著落差時，要解決這個問題非常困難。但是理論

的存在，必須符合現實的要求。那麼理論上是否有解決之策？

第一，可以配合自己的狀況，縮小戰爭或戰鬥的規模。也就是縮小戰爭的目的、縮短作戰的時間等等。

但是，戰爭是有對手的。在兵力明顯不均衡、無法縮小戰爭規模的情形下，想要以寡敵眾，唯一可依賴的武器就是精神上的優勢。克勞塞維茨相信勇氣是最高的智慧，它會激勵人們用盡一切手段、非勝不可。

最後的結論則是，戰死沙場為軍人本色，虎死留皮，人死留名。

❖日本皇軍的「玉碎戰」

太平洋戰爭爆發後，日本的陸、海兩軍，從吉爾勃特島、馬紹爾群島到阿茲島（Attu）、塞班島（Saipan）、硫磺島、沖繩等處，都上演了悲劇性的犧牲戲碼。現在我們就將這種寧為玉碎不為瓦全的犧牲戰和克勞塞維茨的理論兩相對照。

日本皇軍的「玉碎戰」（寧為玉碎不為瓦全的犧牲戰），指的是最高統帥沒有主見，錯判敵人動向及實力，在不尋求對策的情形下，讓我方承受敵方的攻擊，使在現場進行戰鬥的指揮官及士兵們勇敢奮戰，卻徒勞無功白白送命。因此這種不具哲學理論的「玉碎戰」和克勞塞維茨的想法是完全不同的。

在此我要介紹一場讓敵人的最高指揮官感佩不已，而送上最高讚詞的玉碎戰。

馬紹爾群島

昔為德國的殖民地，一次大戰後，委託日本統治，一直是日本開拓南洋的象徵。日本歌謠〈酋長之女〉的「赤道下方的馬紹爾群島……」幾乎無人不曉。一九四四年二月，被史普魯安斯中將率領的第五艦隊攻陷。

在中日戰爭及太平洋戰爭中，中國之所以可以頑強抵抗，原因有許多。例如中華民國總統蔣介石的卓越領導、高漲的反日意識、國土廣大等等，其中最重要的——美國給予直接及間接的援助。例如史帝威爾將軍長期擔任軍事顧問、陳納德將軍所指揮的義勇空軍「飛虎隊」，從印度、緬甸到中國的「援蔣路線」運送龐大物資支援中國等等皆是。

太平洋戰爭一開打，重視此事的日本陸軍即隨南方總軍組編緬甸軍，進行鎮壓緬甸及截斷援蔣路線的任務。一九四二年一月，越過泰國入侵緬甸的日本軍，在五月底攻占緬甸。中國因此失去援蔣路線，僅剩下以印度東部成思卡亞為中繼點的空中運輸路線。

在太平洋戰爭明顯對日本不利的一九四三年，史帝威爾中將奪回了形同中印連絡道路的雷多公路，讓有美式裝備的中國軍九十個師團從雲南方面南下進行大反攻。進攻印度的「印普哈作戰計劃」（Impahal）失敗的一九四四年八月，緬甸方面軍司令官河邊正三上將下令第三十三軍司令官本多中將，中止北緬甸的作戰行動，並縮小緬甸中部的戰線。

問題是，如何營救六月以來深陷於中國內陸薩爾溫江河畔（Salween River）、被中國大軍包圍的拉孟及騰越兩支守備隊？中國的緬甸遠征軍指揮官衛立煌將軍，在拉孟投下了五個、在騰越投下了三個具有美式裝備的精銳師團部隊。結果由金光惠次郎少校所指揮的拉孟守備隊一千三百人、以及由藏重康美上校所率領的騰越守備隊一千五百人，發揮了絕佳的奪田戰精神及超人的戰鬥力，中國大軍因而損失慘重。

❖以日本兵為模範的蔣介石

看不下去遠征軍的窩囊表現的蔣介石，從政府所在地重慶直奔雲南親自督戰，並對全體遠征軍的官兵進行訓戒。蔣介石說：「戰局對我們是有利的，但是前途卻是遙遠的。」接著又詳述了自己對中國軍的不滿，藉以敦促大家反省，他嚴詞疾呼：「全體將士應以日本兵為模範！在拉孟、騰越以及米多奇納（現在的Myanmar），他們發揮了無比的勇氣及奮戰的精神。雖然他們是我們的敵人，但是我不得不說他們的表現實在非常傑出。各位將官對此事應多加思索，更為努力！」這番訓示後來成了有名的「反感謝函」。

但是，苦戰的結果仍舊徒勞無功。九月五日，拉孟守備隊，八日，騰越守備隊分別進行了一百二十日及六十餘日的勇敢防御戰後，終於玉碎，北緬戰線也在日本軍總崩解之後宣告落幕。

中國遠征軍在這場戰役中，二十萬大軍死傷了六萬三千人，包括兩個完全被殲滅的師團在內，總共有數個師團喪失戰力，損失非常慘重。日本陸軍在太平洋戰爭近尾聲時，仍然毫無遺憾地發揮了強大的戰鬥力，恰恰驗證了克勞塞維茨所說的「以精神力彌補少數兵力」劣勢的最佳實例。

日本陸軍於北緬甸的玉碎之戰

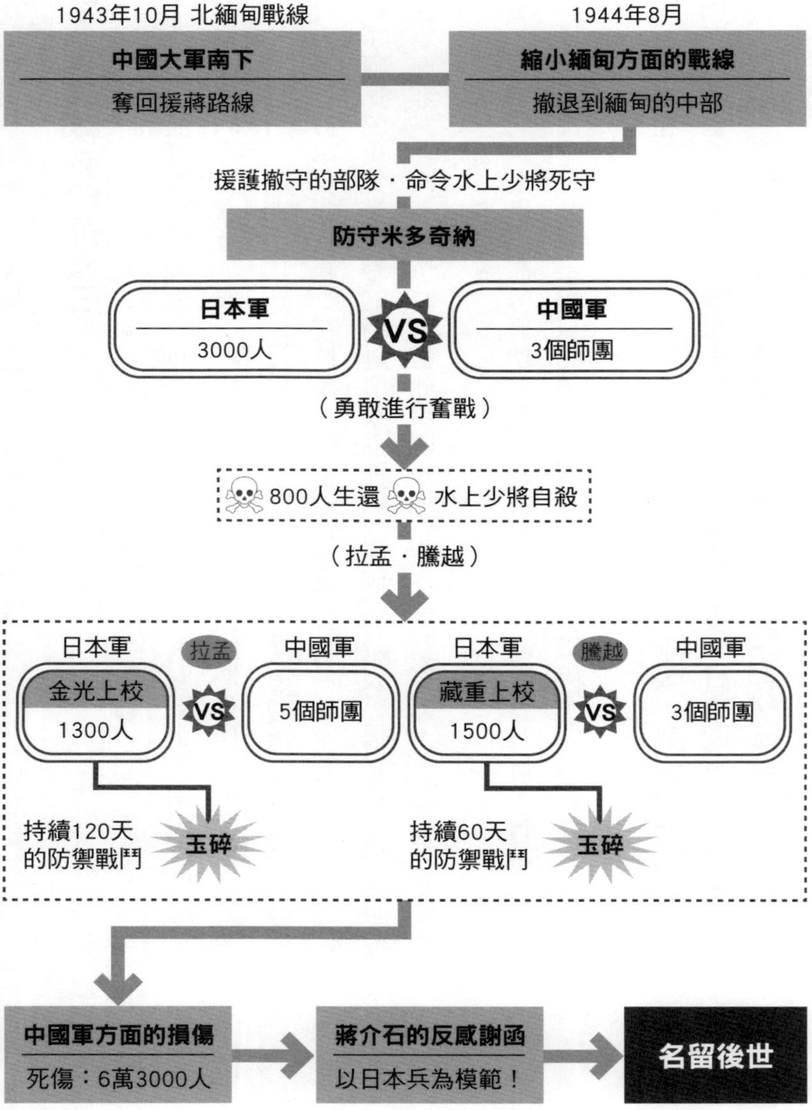
1943年10月 北緬甸戰線
中國大軍南下
奪回援蔣路線
1944年8月
縮小緬甸方面的戰線
撤退到緬甸的中部
援護撤守的部隊・命令水上少將死守
防守米多奇納
日本軍
3000人
VS
中國軍
3個師團
（勇敢進行奮戰）
800人生還
水上少將自殺
（拉孟・騰越）
日本軍
拉孟
中國軍
金光上校
1300人
VS
5個師團
持續120天的防禦戰鬥
玉碎
日本軍
騰越
中國軍
藏重上校
1500人
VS
3個師團
持續60天的防禦戰鬥
玉碎
中國軍方面的損傷
死傷：6萬3000人
蔣介石的反感謝函
以日本兵為模範！
名留後世

2 特遣部隊

●戰鬥序列，是指發生戰爭時，將平時的軍隊依照各兵種重新分割或組合，再依據基本戰術將這些些重新編制的軍隊進行佈署。

●分割，是為了讓指揮官易於指揮，將屬下分到兩個或以上的部隊。

●結合，當國家需要能夠獨立戰鬥的部隊時，為了保有綜合的戰鬥力，將不同兵種的人才組合一起。

●佈署，是以分割或結合原則所組成的部隊，依當時情勢及基本戰術，進行調配。

戰鬥序列是軍隊用語，很少使用所以會覺得陌生，只要把它想成是商業用語中的特遣部隊（Task Force）或是專案小組（Project Team）即可。

基本上，軍隊進行編隊時，都是將同一兵種編組在一起。以陸軍而言，其兵種包括步兵連隊、砲兵連隊、戰車連隊等等。而海軍則有由航空母艦及航空團組成的航空戰隊、巡洋艦戰隊、陸戰隊等等。將這些單一兵種依照戰鬥目的，組成具有綜合戰力的部隊，則稱為區分軍隊或是特混編隊（Task Organization）。

在第二次世界大戰中，將特混編隊做最彈性運用的就是美國海軍。美國海軍先設定可能發生的各種戰鬥場景，再配合這些場景進行特混編隊。其實在美國，以被稱為type編組的艦別、機種別做的一般編隊，平常就已經在為特混編組做準備。

在這一節中，我們來看看讓日本海軍奄奄一息——美國第五艦隊的特混編隊及激烈的「馬里亞那海戰」。

❖史上最強的艦隊——第五艦隊的特混編隊

一九四三年六月，美國海軍揭開為解決日本海軍而刻意建設之大型艦隊的神秘面紗。隨後，這支大型的艦隊即被命名為第五艦隊，到任的司令官就是太平洋艦隊司令尼米茲上將的參謀長史普魯安斯少將。史普魯安斯少將到任後即升為中將，六個月後進攻馬紹爾群島有功，又再升為上將。

美國賦予這支艦隊的任務，就是擊敗日本艦隊及攻下被日本作為據點的各個島嶼。為達成此任務，照特混編隊的方法，將所給予的兵力（如下圖）組成特遣部隊。這支大型艦隊在同年十月，開始進攻太平洋中部的吉爾勃特島及馬金、塔瓦拉（Tarawa）兩座珊瑚環礁。次年一月下旬，再陸續攻下馬紹爾群島，及日本海軍設在南太平洋的最大據點特拉克島，也占領了帛琉及許多無人島嶼，縱橫整個太平洋。

一九四四年六月一四日，由史普魯安斯上將所率領的第五十八任務部隊及第五水陸兩棲作戰部隊，突然進攻馬里亞那諸島中的塞班島，陸戰隊兩個師團登陸之後奪下橋頭堡。而這一次的作戰目的，是要獲得讓 B-29 轟炸機起飛的基地，以方便對日本進行戰鬥。美國此舉震驚了原以為聯合軍會進攻新幾內亞的日本海軍。於是聯合艦隊司令豐田副武上將立刻下令，在菲律賓群島南端的達維達維環礁島嶼待命的第一機動隊，進行攻擊。

因此第五十八任務部隊和第一機動隊，在馬里亞那海面上，爆發了海戰史上最激烈的航空母艦和機動部隊的大決戰——「馬里亞那海戰」。現在就從克勞塞維茨所言戰鬥序列的觀點，來檢視在此一海戰中，兩軍根據特混編隊、戰術及情勢判斷所做的佈署。

從戰力來看，深知不論質和量都對自己不利的第一機動艦隊司令小澤治三郎中將，知道自己唯一的優勢——母艦飛行機隊的續航力非常持久。當時的機動艦隊是由第三艦隊（三個航空戰隊）和以大和號戰艦為首的水上部隊第二艦隊所組成。以下就是日本方面的戰鬥序列：小澤中將應用軍隊區分，將第三航空戰隊（航空母艦三艘、戰機九十架）納入第二艦隊作為「前鋒」，佈署在「機動部隊本隊」第三艦隊前方一百海里處，企圖利用長久的續航力先發制人先行攻擊，然後再趁敵人混亂之際，以大和號的戰艦進行突擊。這就是所謂的「Out Range 戰法」（範圍外戰法）。

分為四個任務小組，各任務小組由航空母艦四艘、戰艦或巡洋艦四艘、驅逐艦

美國海軍第五艦隊的特混編隊

（軍隊區分）

第五艦隊／史普魯安斯中將

- **第58任務部隊**
  邁克・米契中將
  ＊空母12艘、含高速戰艦8艘等62艘戰艦
  ＊戰機925架
- **第5水陸兩棲作戰部隊**
  亞歷山大・特納少將
  ＊護航空母7艘、含舊式戰艦4艘在內約300艘戰艦
  ＊戰機210架
  - **第5登陸軍團**
    霍蘭特・史密斯陸戰隊少將
    ＊陸戰師團1萬人
    ＊陸戰步兵師團5萬5000人
- **基地航空部隊**
  喬尼・富巴少將
  ＊陸軍、陸戰隊的戰機400架
- **其他支援部隊**

十六艘所組成。知道日本擁有以大和號為首之精銳水上部隊的史普魯安斯，於是選出七艘為對抗日本所造的超大型轟炸機。可搭載九噸的炸彈，並飛至成層圈。從馬里亞那諸島中的塞班島、帝尼安島（Tinian）起飛後，將日本炸成焦土，使其喪失繼續作戰的能力。面對如此高速、機體紮實的轟炸機，日本的防空火力完全招架不住。

新式戰艦、四艘巡洋艦、十二艘驅逐艦，臨時組成打擊水上部隊任務小組，且以「前鋒」之姿，佈署於北方十二海里處援護。在其後面（東方）十二海里處，則由南到北，每隔十二海里，佈署任務小組。

另外在前鋒正前方六十海里處，亦佈署數艘雷達驅逐艦（Radar Picket）及零戰殺手克拉馬Ｆ６「地獄貓」戰鬥機，作為監視上空的戰鬥航空哨。因此，不論第一機動艦隊採空擊或者水上攻擊，如此固若金湯、攻防自若的佈署均可彈性應對。六月十九日早上，日本先發制人，首先進行空中攻擊。但是卻被美國艦隊擊落了四百架戰機（總共四百三十架），而且失去了新式航空母艦大鳳號，逼得日本節節敗退。

美國在馬里亞那海戰中，依據極富彈性的特混編隊及正確的情勢判斷進行佈署，然後再以卓越的戰術及戰法打贏漂亮的一戰，可以說是驗證本節內文最貼切的戰例。

範圍外戰法

馬里亞那海戰是海戰史上最多航空母艦及機動部隊參與的一場海戰。此戰法即為第一機動艦隊司令小澤治三郎中將在馬里亞那海戰中所採用的戰術。小澤擬利用艦載機強大的續航力，在美國艦載機未到達目的地之前即先行攻擊。可是仍敗在美國艦隊完備的防空火力之下。

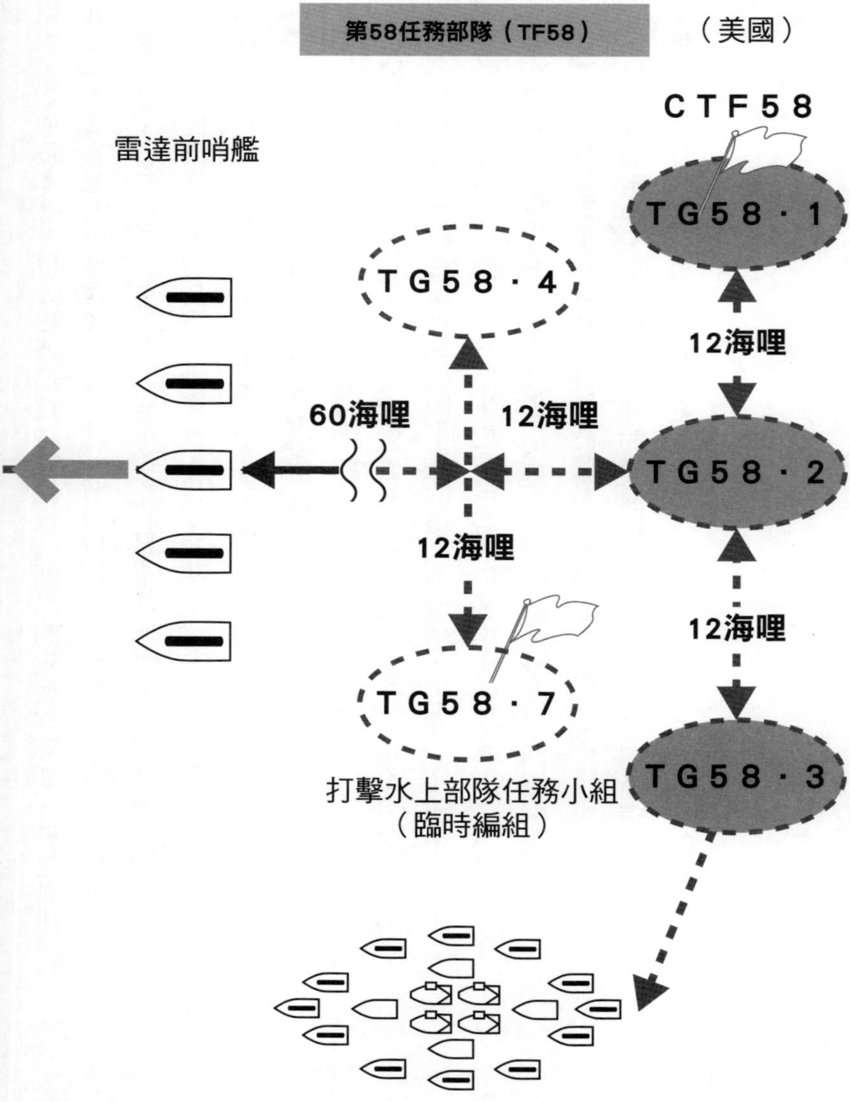
第58任務部隊（TF58）
（美國）
CTF58
雷達前哨艦
TG58・1
TG58・4
12海哩
60海哩
12海哩
TG58・2
12海哩
12海哩
TG58・7
TG58・3
打擊水上部隊任務小組
（臨時編組）

馬里亞那海戰　日、美兩國機動部隊的部署

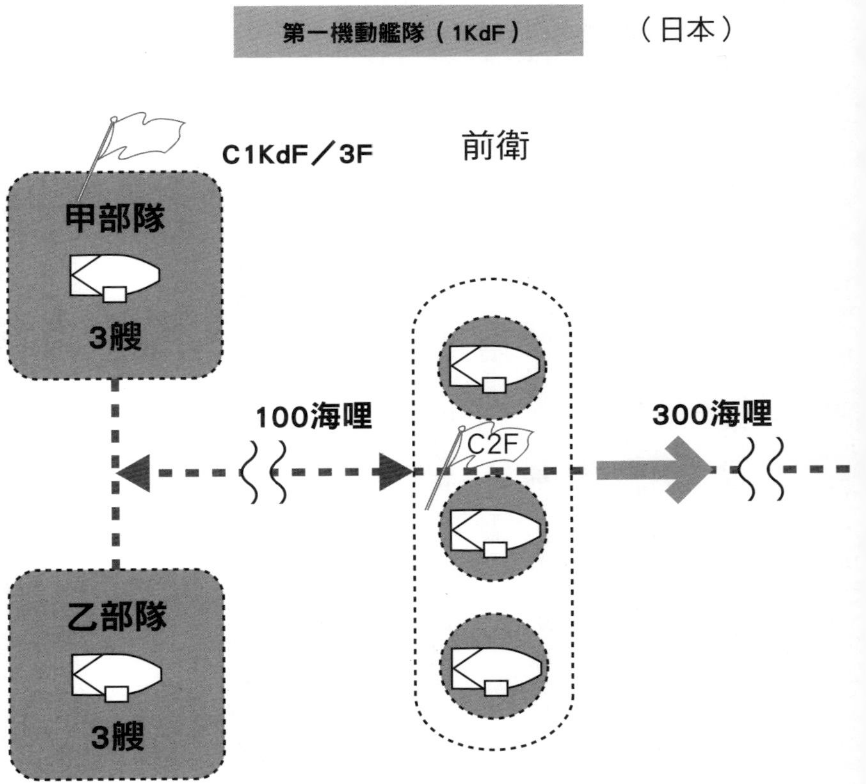

符號標示

- C5F：第五艦隊司令官
- CKdF：機動艦隊司令官
- CTF58：第58任務部隊指揮官
- 空母
- 戰艦或巡洋艦
- 驅逐艦
- TG：任務小組

3 維持戰力，後勤支援很重要

- 戰爭進行時，軍隊必須依賴提供糧食及其他補充品的供給地。此一資源供給地，就稱之為策源地。
- 策源地等於是軍隊的後方基地，必須能夠直接和軍隊聯絡，而且具備貯藏糧食、積聚補充品等的設備。
- 此外還有保全上述設備的安全防禦設施。如果和軍隊之間的交通亦非常方便的話，此一策源地的價值就更上一層。
- 軍隊依賴策源地的程度及範圍，由軍隊兵力的多寡而定，兵力越多關係越密切。易言之，策源地是軍隊以及所有作戰企圖的礎石。
- 長期作戰時，策源地會對作戰計劃產生決定性的效果。

策源地亦是軍事用語。以現在的說法就是軍隊的後方支援基地，也就是前面克勞塞維茨所提及的後勤支援。

對日本而言，太平洋戰爭其實是一場和策源地休戚相關的戰鬥。由於日本和能夠提供國家活動資源，如戰略物資中所不可缺的石油、廢鐵等的美國為敵，才回頭轉進東南亞。而造成戰爭開始。

幸好日本保住了以石油為主的南方地區戰略物質。可是卻無法在資源提供地就地進行加工。所以必須將原料經由又長又遠的海上交通，送回日本加工，再將做成軍需資材送回到南方，以效率而言真是糟到極點。不久後，隨著戰局的頹勢，海上交通遭到截斷，日本也喪失作為前進基地策源地的機能，因此日本只有一路戰敗到底。

在這個章節裡，我們就來考察因現地指揮官疏忽、怠慢而失去戰場上最大的策源地，並在有形及無形之間，造成海戰慘敗的事例。這就是特拉克島的毀滅和馬里亞那海戰慘敗之間的前後關係。

失去特拉克島

一九四四年一月三十一日，由史普魯安斯中將所率領的第五艦隊，只花了短短五天的時間就攻下了馬紹爾群島。接著美國海軍就在群島中的其中一個環礁島嶼馬朱諾（Majuro），建造一個比珍珠港更大的後方支援基地，作為中太平洋的策源地。如此一來，美國海軍就不需像以往一樣，每出一次任務就得回到珍珠港進行補給維修，大幅提昇作戰效率。

廢鐵

日本無法憑自己的技術獨力製造優良的鋼鐵，必須從美國進口廢鐵，混入製鋼的原料中才能生產鋼鐵。後來美國基於「德義日三國同盟」制裁日本，禁止廢鐵及汽油輸出日本。

第五艦隊接下來的目標就是特拉克島。位於加羅林群島（Caroline Islands）中央的特拉克島，是被一大片環礁所包圍的珊瑚礁島，由夏島、秋島等許多小島所組成。日本海軍在此設有停機坪、可供大型艦隊停泊的碼頭、足以匹敵日本本土軍工廠的大型設施，以及可貯藏五萬噸重油的三個貯油槽等。

太平洋戰爭開打之後，此島就成了日本海軍在南太平洋的策源地。尤其在瓜島爭奪戰之後，更成為聯合艦隊司令部的所在地。由於此島易守難攻，充滿著神秘的色彩，人稱「日本的珍珠港」或「太平洋上的直布羅陀」。

自古以來，艦隊如果卯上了要塞，幾無戰勝的記錄。在兵學上，這種想法可以說是根深蒂固的。但是史普魯安斯上將所率領的第五艦隊，僅花了二月十七日及十八日兩天就讓特拉克島變成了廢墟。此戰讓日本損失慘重，總計失去了二百七十架戰機、包括兩艘輕巡洋艦在內的十二艘艦艇、三十艘約二十萬噸的高性能運輸船及五輛艦隊用的坦克。其他如裝滿了五萬噸油的重油槽、維修設備、以及龐大的補給物資等，全都化為灰燼。特拉克島在一夜之間喪失了策源地所有的機能。

日本之所以會落得如此淒慘，最大的原因，竟是司令部就設在特拉克島的防衛最高指揮、第四艦隊司令小林中將的缺乏責任感及懈怠。就在第五艦隊一步步逼近時，小林中將不但不尋求對策，在美軍進攻當天，還去釣魚自娛。

同年的三月一日，日本海軍將機動部隊第三艦隊和以戰艦、巡洋艦為主力的水上攻擊部隊——第二艦隊混編成第一機動隊，司令官由小澤治三郎中將兼任。將主力兵力放在航空部隊，對一向以戰艦為主體的日本海軍而言，無疑是一百八十度大轉變。問題是，失去了特拉克島，這支大型艦隊等於失去了策源地。迫不得已，第二艦隊只好停泊在蘇門答臘的林卡；因所羅門之戰失去大部份母艦機隊的第三艦隊，則在新加坡及瀨戶內海西部進行基礎訓練。在這種分散多處的情形下，根本無法融合成同一艦隊。

就在這時，聯合艦隊司令部必須解決一個緊急課題——聯軍接下來會從哪裡攻擊。經過種種檢討、研究的結果，他們排除了情報參謀中島親孝中校所提、非常符合軍事合理推斷的馬里亞那案，認為聯軍會攻擊的地方，依準確率排列為，新幾內亞西端的北方小島比亞克為百分之五十，帛琉群島百分之四十，馬里亞那諸島只有百分十的機率。

❖失去策源地後，判斷情勢的能力明顯降低

下這個標題，不是毫無根據的。因為特拉克島及帛琉受到轟炸，日本失去了大部份的燃料及艦隊坦克之後，形同決戰兵力第一機動艦隊的行動半徑，被限於一千海里之內。因此他們希望美國艦隊不要到機動艦隊暫時的根據地，也就是距婆羅洲（Borneo）二千海里外的馬里亞那海域。就是在這種潛意識的作祟下，才會誤判情勢。

基於這種判斷，聯合艦隊司令豐田上將，即讓第一機動艦隊在菲律賓最南端的

小澤治三郎

海軍中將。在盡是無能提督的日本海軍中，是名卓越戰術家。在馬里亞那海戰決戰中以「範圍外戰法」應戰，遭到挫敗。當時他是第一機動艦隊的司令，也是最後一位聯合艦隊的司令，是一位悲劇名將。

塔威塔威珊瑚礁島待命。會選擇塔威塔威島是因為，這裡距離他們認為最可能受到攻擊的比亞克島及帛琉最近。第二，使用大量鍋爐可以燃燒的婆羅洲原油。第三，塔威塔威島是一大片的珊瑚礁島，方便大型的艦隊集結或停泊。

但是這一切事與願違，因為第一機動艦隊，第一次也是最後一次的決戰地點是在馬里亞那海域。換句話說，美國第五艦隊奇襲日軍完全沒有料到的馬里亞那，日本海軍才開始準備出發。因此當艦隊抵達戰場時，已是開戰後的第五天——六月十九日，戰役的主動權形同完全落入敵人的手中。另外，許多美國潛艇都知道日本的艦隊集聚點，為了躲避多數的美國潛艇，擠在珊瑚島上的艦隊無法出動訓練，導致飛行員的著艦技術失準。

這是題外話，當時艦載機的飛行員，被要求在狹小的飛行甲板上進行離艦等高難度技巧訓練，整日不得休息。

連美國的海軍也不顧市民對噪音提出強烈的抗議，在厚木基地（位於神奈川縣中部）進行艦載機的夜間離陸、著陸訓練。總之，不論是日本的飛行員或美國的飛行員都基於同樣的理由，冒著生命的危險進行訓練。

本來打算以逸待勞，沒想到誤判戰場，反讓占盡優勢的敵人以萬全之姿等著自己自投羅網。日本就是以一支質量均劣的部隊迎敵，才會在馬里亞那海戰中落得復仇不成反被殺的下場。總之，日本之所以戰敗的最大原因，說是因為失去了最大策源地特拉克島實不為過。

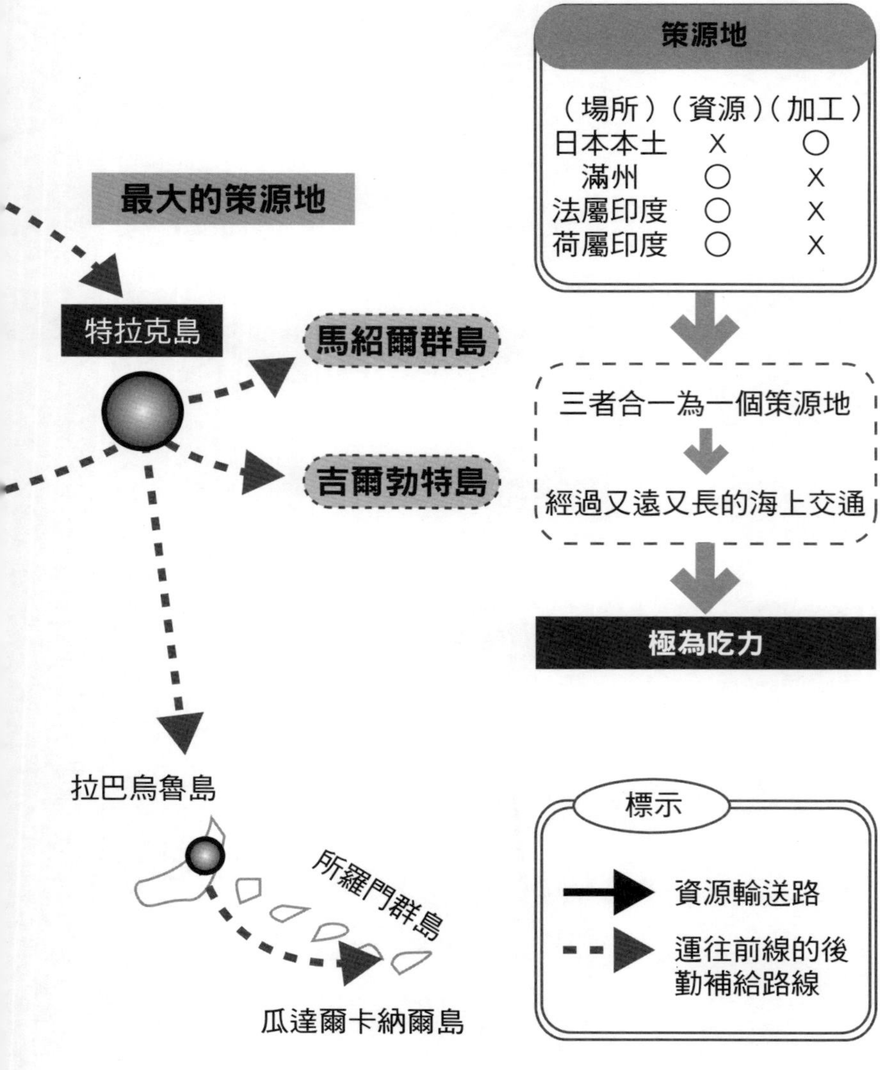
策源地
（場所）（資源）（加工）
日本本土 X ○
滿州 ○ X
法屬印度 ○ X
荷屬印度 ○ X
三者合一為一個策源地
經過又遠又長的海上交通
極為吃力
最大的策源地
特拉克島
馬紹爾群島
吉爾勃特島
拉巴烏魯島
所羅門群島
瓜達爾卡納爾島
標示
資源輸送路
運往前線的後勤補給路線

日本的策源地和後勤補給線

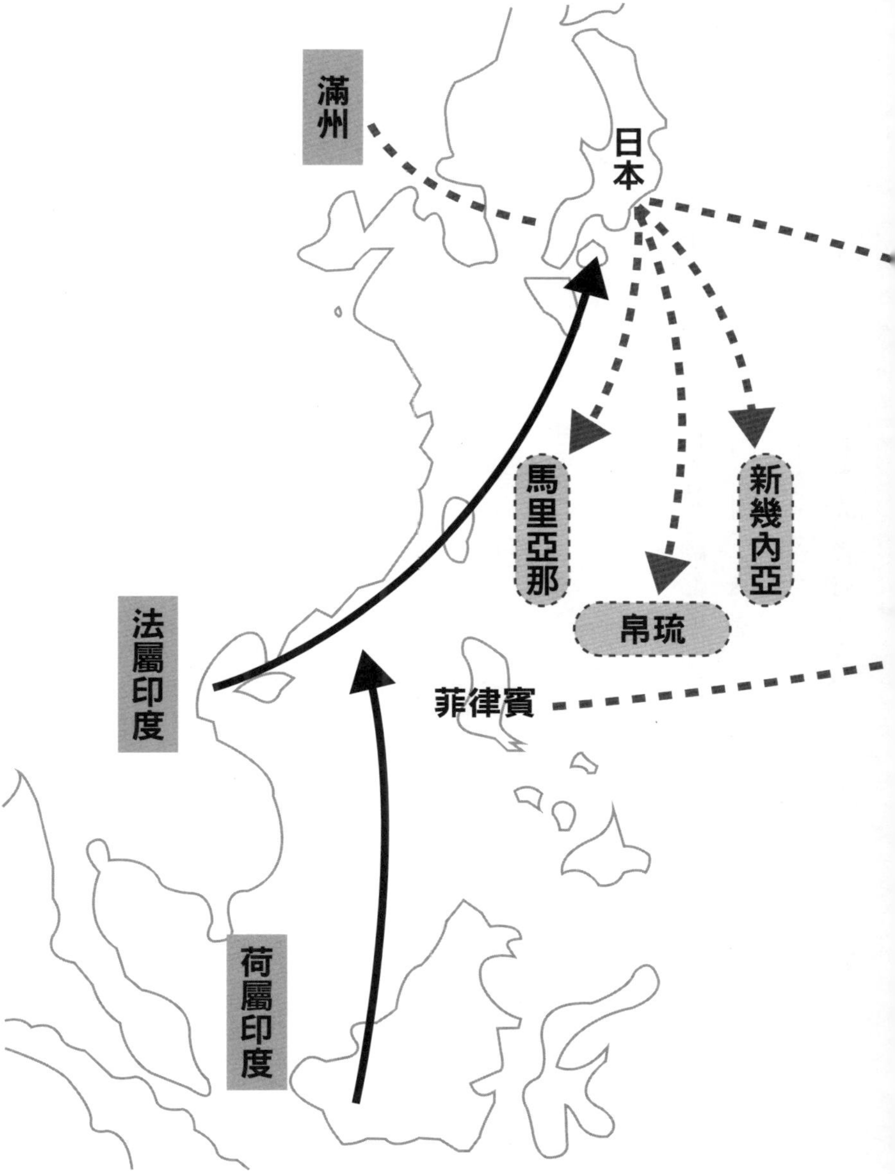

4 確保「交通線」

- 所謂交通線是指軍隊和策源地的聯絡路線，也是軍隊執行戰略背後的退路。
- 交通線的價值取決於其長度、數量、方向、交通工具及是否有要塞或障礙物等。
- 和設於自家國內的交通線比起，建在敵國國內的交通線更具價值，重要度更高。
- 要改變設在敵國國內的後勤補給線，幾乎是不可能的。
- 基於以上理由，在戰路上常會截斷敵人的交通線。也就是企圖讓敵人迂迴、非直線前進。

在第二次世界大戰中，沒有資源的日本及英國都必須經由海上交通線，從國外取得營運國家、遂行戰爭的物質及資源。但是對於克勞塞維茨在這一節中所說的「確保交通線」，兩國的認知和所做的努力，卻有天壤之別。

以日本而言，擔負此責任的海軍，只知道靠艦隊決戰殺出一條血路，對於確保海上交通線關係著國家存亡的重要性，根本沒概念，甚至視護衛商船為兵法上的邪魔歪道。結果在戰局後半，南方策源地及日本本土之間的海上交通，遭到美國海軍（以潛艇為主）及空軍的攻擊而全數毀壞，使得前線的軍隊進退維谷不斷凋零。接著日本鬧飢荒，讓繼續作戰的能力及國家的活動力每況愈下，終以敗仗收場。

反觀英國，從第一次世界大戰，差點被德國無限制潛艇逼得走頭無路的教訓中，深刻地體會確保美國和英國之間海上交通的重要性。二次世界大戰，英國再次受到德國潛水艇（U-Boat）的大肆攻擊，但是他們積極和盟友美國研發有效的戰術、武器，經過連番苦鬥，終於壓制住德國的攻擊，保住了疆土。我們就來看由美英潛艇部隊大戰德國的「大西洋戰爭」。

❖交通路線遭截斷

第二次世界大戰，納粹德國海軍所貫徹的戰略，就是破壞英國的海上通商之路，也就是消滅英國的海上交通線路。說得更具體些，就是截斷一年進口五千萬噸資源的英國海上交通線路，迫使英國屈服。

為了完成此一戰略目的，德國動員了所有的水上艦艇。在這種舞台背景下，德國海軍的 U-Boat 和美英海軍，從一九三九年九月到一九四五年六月的六年間，爆發了交鋒無數的大西洋戰爭（Batcle of Atlantic）。一開始，U-Boat 只鎖定不遵守秩序、

護衛商船

日本海軍完全沒有護衛商船的概念。太平洋戰爭末期，許多商船遭到毒手後，日本海軍編制海上護衛總隊，開始為商船護航。可是這支編隊全由老朽的戰艦組成，加上戰術幼稚、老套，完全無法發揮作用。

獨自航行的船隻進行攻擊。面對德國的行徑，英國立刻採取護航（Convoy）系統，也就是將二十到三十艘的船編成一組，再派數艘護衛艦艇進行護航的戰術。

英國採護航戰術，德國也還以顏色，採用「狼群戰術」（Wolf Pack Tactics）。他們根據解讀的密碼及遠程哨戒機所提供的情報，鎖估英國船隻位置，再由潛艇隊司令部下令集合數艘 U-Boat，像鯨群圍殺獵物般攻擊，將整個船團吞噬掉。例如一九四〇年一月十八日的夜晚，五艘 U-Boat 將東航的 SC-7 船團中的十七艘擊沉後，於次日夜晚，再擊沉西航的 HX-79 船團中的十一艘，三天兩夜共擊沉了三十七艘船隻。

直到一九四二年春季，英國以新武器研發出了新戰法後，這種狼群戰術的銳氣才暫時受挫。

❖對島國而言，海上交通如同生命線

英國的新武器——裝配了L光譜雷達（L-Band Radar，波長一點五公尺）及雷之光（Leigh Light）之探測光的反潛哨戒機。當攻擊過法國西岸布雷斯、羅利安等潛水艇基地的德國，從比斯開灣航向大西洋，於夜間浮出水面航行時，用雷達知道德國在接近的哨戒機，就會突然以強光照射，接著發射反潛炸彈將德軍擊沉。半年後，德國靠著可以更快探知L光譜雷達波、新研發成功的逆探知器「Metox」（波長一點三公尺）、高性能對空機槍及由空軍的戰鬥機進行護衛等方法，才擺脫這次的危機，又奪回了優勢。德軍甚至遠征到美國的東岸海面、加勒比海，擊沉無任何武器的美國船隻。

事實上，在一九四二年被德軍擊沉的一千一百六十艘、六百二十七萬噸的船隻中，就有二百八十萬噸是美國的船隻，和前一、二年比，多了三倍。美國終於挺直了腰，擺出強硬的態度。除了投入一千三百五十架的遠程哨戒機外，還大量改造商船、製造護航驅逐艦、反潛艦艇，並設立反潛作戰學校培育人材。其中，最具時代意義的就是，一九四二年由海軍士官和科學家們所設立的「反潛作戰計劃委員會」（ASWOG）。應用此委員會所進行的研究，在開發新反潛戰術、編組反潛部隊、確定船團船隻數及護航艦艇隻數、開發反潛水艇裝備等，都有極佳的成效。另外，由英國所開發的S-Band Radar（波長十公分）的威力也更為增強，只是德國並沒有發覺。這一連串的研究成果，終於在一九四三年春天發表。

我們就來看看ASWOG的研究及開發成果，如何應用在反潛作戰上。例如，在大西洋作戰的U艇，拍了封電報給潛水艇司令部。這是一封僅需幾秒即可壓縮完成的電報。可是卻被環繞大西洋、設在二十六個地方的「高周波位測定所」（HF／DF）捕捉到，並立即算出了U艇的位置。於是聯合軍反潛最高司令部的第十艦隊司令部，馬上下達了一道指令給在U艦附近的「獵人殺手集團」（HUNTER KILLERGROUP）。獵人殺手集團，是由商船改造為護航空母（Escort Carrier）、六艘護衛驅逐艦（Destroyer Escort）及二十架艦載機所器成。而且不論是戰機或是艦艇，都裝置「S-Band Radar」。

獵人殺手集團以雷達探知浮出水面U艇的位置之後，即派出擁有一架葛立曼（Gruman，美國製造軍機的公司）、TBE雷擊機（擁有可發射魚雷的裝備）及一架攻擊機的「獵殺小組」（HUNTER KILLERTEAM）。未有逆向探知S-Band Radar設備的U艇，發現聯軍的空中攻擊之後，如驚弓之鳥潛入了海底。接著趕到現場的水上艦艇和U艇開始展開了一場戰鬥。由克魯特．尤爾根斯（Curd Jurgens）和勞勃．米契（Robert Mitchurn）所主演的《密戰計劃》（The Enemy Below），正是描寫此景。

被數艘反潛艦艇重重包圍的U艇，為了避開敵人水中聲納的探知，竭盡所能進行欺敵行動，或找到空隙就發射自動裝置魚雷。但是拖著可閃避自動裝置魚雷「Foxer」的反潛艦艇，還是以聲納鎖住了U艇，並發射二十四枚裝在艦首處的新式兵器「刺蝟彈」（Hedgehog）。刺蝟彈是種裝了強力「鋁末混合炸藥」，只要一枚命中，其他二、三枚也會跟著爆炸的新式炸彈。這種炸彈的威力十分驚人，U艇總是遭到擊沉的命運。因為這種新的反潛戰術，一九四三年後半，聯軍的船隻被害程度銳減，而U艇的損失則激增。

為了挽回劣勢，德國開發了可以逆向探知S-Band Radar的「Naxos」（波長八～十二公分）、裝備在潛航中可以換空氣之「通氣管裝置」的水中高速「21型潛水艦」。但是一切都太晚了，聯軍已獲得勝利。

親身體驗海上交通線是何等重要的英國，和執著堅持協助英國的美國兩相扶持，是聯軍在大西洋戰爭致勝的主因。纏鬥近六年的大西洋戰爭，聯軍方面總共損失了

在第二次世界大戰中的日本和英國

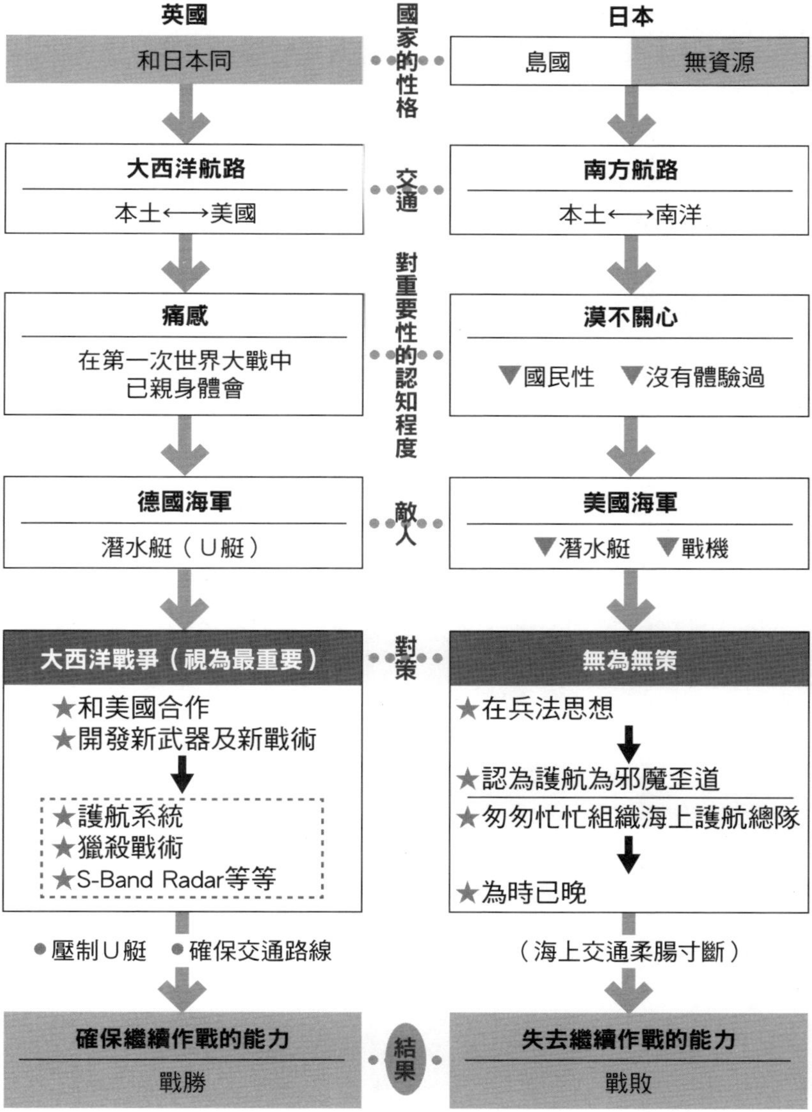
英國
日本
國家的性格
和日本同
島國
無資源
交通
大西洋航路
本土←→美國
南方航路
本土←→南洋
對重要性的認知程度
痛感
在第一次世界大戰中
已親身體會
漠不關心
▼國民性 ▼沒有體驗過
敵人
德國海軍
潛水艇（U艇）
美國海軍
▼潛水艇 ▼戰機
對策
大西洋戰爭（視為最重要）
★和美國合作
★開發新武器及新戰術
★護航系統
★獵殺戰術
★S-Band Radar等等
無為無策
★在兵法思想
★認為護航為邪魔歪道
★匆匆忙忙組織海上護航總隊
★為時已晚
●壓制U艇 ●確保交通路線
（海上交通柔腸寸斷）
結果
確保繼續作戰的能力
戰勝
失去繼續作戰的能力
戰敗

商船二千四百四十九艘、一萬二千九十二萬噸、軍艦一百四十八艘。德國則失去了七百九十六艘U艇（共一千二百七十艘），可謂損失慘重。

第 6 章

「防禦」和「攻擊」何者有利？

1 防禦也是一種有利的戰略

- 防禦比攻擊更高明。
- 為了擊滅敵人，防禦經常會伴隨著各種攻擊行動。
- 防禦，是指對抗敵人、阻止其企圖心。其最大特色是等待敵人的攻擊。
- 以戰略而言，防禦為積極達成戰鬥目的，利用有利之形式再轉為攻擊的手段。
- 以戰略而言，防禦是轉移進攻不可缺少的一部份。本來專心於防禦的力量，會在意想不到的時候，取得戰力的優勢。

軍艦進行曲，一開頭就高唱「守是鋼攻是鐵」，即點出了戰爭中的二大形態為「防禦」和「攻擊」。一個國家重視防禦還是攻擊，會因其國民性、戰爭哲學、基本戰略、基本戰術及周邊的情勢等等，而有天壤之別。總之，這是個要依據健全判斷而取得兩方平衡的問題。

雖然信奉「攻擊是最大防禦」主義，日本海軍卻在不論是戰略、戰術、戰法、船艦、戰機的構造，甚至連裝備都無視於防禦的存在。在太平洋戰中連續吃敗仗的日本海軍是個異數，克勞塞維茨的結論——防禦較為有利。

提到防禦，一般人的想像是抵抗不了敵人而困坐愁城，最後孤立無援、被敵人攻破的慘狀。但克勞塞維茨所說的防禦，是指「防禦型的攻擊」，也就是物資、精神諸力皆齊的軍隊，在未敗的情況下固守城池，等著敵人攻擊，並在敵人因戰而疲憊，兵力減弱的時候，轉守為攻擊破敵人的戰術。我們來看德俄蘇戰爭中，蘇聯以防禦戰術吸收希特勒強大攻勢後，再伺機反擊使希特勒受挫的「庫爾斯克大會戰」（Battle of Kursk）。

❖史上規模最大的坦克大決戰「庫爾斯克會戰」

一九四三年一月，在史達林格勒一役獲勝即緊追著德軍不放的蘇聯軍隊，因為德軍的最高指揮官——南方軍司令馮・曼斯坦元帥應用巧妙的後退戰略，補給路線遭到截斷，使得到手的要塞哈里可夫（Kharkov）又被奪回，還迫退到頓內次河（Dontes）以東。到了三月，更困在烏克蘭東端進退維谷。

深知自己戰力不足的曼斯坦，因而向希特勒提出作戰計劃。他建議先讓俄軍採取攻勢，自己有計劃地退兵，將敵軍的主力部隊誘入、再一舉包圍擊破。這就是克勞塞維茨的防禦型攻擊之典型。

但是對史達林格勒一役耿耿於懷，深覺倍受屈辱、堅持以牙還牙的希特勒，不但未接受曼斯坦所提的計劃，反而採取更大規模的攻擊行動。希特勒企圖以蘇聯主力軍所在的庫爾斯克為中心，在其南方一百五十公里處，及北方二百公里處擺出鉗型攻勢，從南北進行挾擊，一舉殲滅敵軍，挽回頹勢。這就是俗稱「史上規模最大的坦克大決戰」或「庫斯爾克會戰」，代號為「堡壘」（Citadel）的作戰計劃。

希特勒的錯誤判斷

這個作戰計劃相當符合軍事合理性的需求，但是希特勒卻犯了一個大錯——發動的時間太晚了。當初持反對意見的曼斯坦元帥，曾建議希特勒：「如果要進行的話，就趁蘇聯軍隊的防禦尚未準備好的時候發動。」可是希特勒為了讓這個計劃無懈可擊，白白浪費了三個月的時間。等於給了蘇聯準備的時間。

此時蘇聯所採取的戰略，和曼斯坦向希特勒提出的防禦型攻勢，完全如出一轍，相當諷刺。易言之，蘇聯企圖將德軍誘入牢固陣地，使其消耗戰力，再伺機進行反擊，一舉消滅德軍。於是鎮守在佛洛奈士（Voronezh）的防禦部隊及中央軍，在最前線佈下由防坦克濠、重防禦器材及對坦克地雷所構成的防線。

接著，在第二道防線上，建構可以以火砲做有效戰鬥的據點。再緊接著以二萬五千火砲佈下強大的火線，平均一公里即有二百九十門火砲。還有，在後方也準備了總預備軍。這支總預備軍的成員，全都來自機動打擊部隊中的新編制步兵。

曼斯坦

德國陸軍元帥，東普魯士貴族。精於戰略及戰術，具有卓越的指揮能力，個性溫和、冷靜、處事公正，連希特勒也不畏懼。德國在他所擬的「西方作戰計劃」下，才得以一口氣攻下法國。

此外，許多對坦克具有強大攻擊力的依留申 IL-2（Ilyushin-2）地上攻擊機，亦待命直接進行支援。總之，蘇聯佈下了銅牆鐵壁般的防禦陣勢。總指揮則是史達林首相特遣的朱古夫元帥。

而德國負責從北向南攻擊的，是人稱剃刀手的馮．克爾格（Guenther-Hans von Kluge，1882～1944）元帥所率領的中央軍集團。由南向北的，則是名將曼斯坦元帥的南方軍集團。另外直接包圍夾擊蘇聯軍隊的機打擊部隊，分別是猛將牽迪爾上將（後昇為元帥）所指導的第九軍、驍勇善戰的波特上將所指揮的第四機甲軍。總計雙方所用的兵力約為一百萬人、坦克三千輛，真的是曠世紀的大會戰。

❖靠防禦贏得勝利

七月五日，德軍在空軍的掩護下，南北大軍一起展開攻擊。洞悉德國計劃的蘇聯軍隊，決定以固若金湯的防禦，進行國家保衛戰。其中，德國第二親衛機甲軍團和蘇聯第五親衛坦克部隊，在蘇聯南方東端開打的戰鬥最為壯烈。

在這次的戰鬥中，德國的五號「豹式」（Panthe）坦克、六號「虎式」（Tiger）坦克，加上蘇聯軍的 T-34 中型坦克、JS-II 坦克等新型坦克，兩國總計投入了約一千五百台的坦克，再加上對坦克攻擊機、步兵、砲兵等，戰況錯綜複雜糾纏不清。我們稱這次的大激戰為「史上最大規模的坦克大決戰」。

德軍雖信心十足，但是強大的攻擊火力，就是無法突破蘇聯深如縱谷的陣地。北方的大軍在十二英里處、南方的大軍在三十英里處，都讓戰線陷入了膠著狀態。就在此時，英美聯軍搶灘上了西西里島。

得到這個消息的希特勒，立刻於十二日中止作戰，將最強的親衛隊（ＳＳ）機甲隊調離戰場，前往西西里島進行支援。德軍因而失去在東部戰線力挽敗局的最後機會。在這場戰役中戰敗的德國，雖擁有名將曼斯坦，也無力挽回顏勢。之後，德國在東部戰線節節敗退。蘇聯軍更是反守為攻，追著敗退的德軍直逼柏林。

這場戰役完全驗證了克勞塞維茨的訓示。如果希特勒採用了曼斯坦的戰法，如果希特勒在發動「堡壘作戰計劃」時，毫不猶豫地聽信曼斯坦的建議早些發兵攻打，或許這場世紀坦克大決戰的結果就會有所不同。

不管如何，希特勒在史達林格勒攻防戰後，因剛愎自用、犯下了大錯。

T-34 中型坦克

蘇聯軍的主力坦克。重達二十八噸、高速、重裝甲，並裝設了強大的七十六毫米火砲。因為構造簡單、堅固方便大量生產，因而壓倒德國的機甲部隊。和美國的 M4 坦克並稱為第二次世界大戰的傑作。

庫爾斯克大會戰

（史上規模最大的坦克大戰）

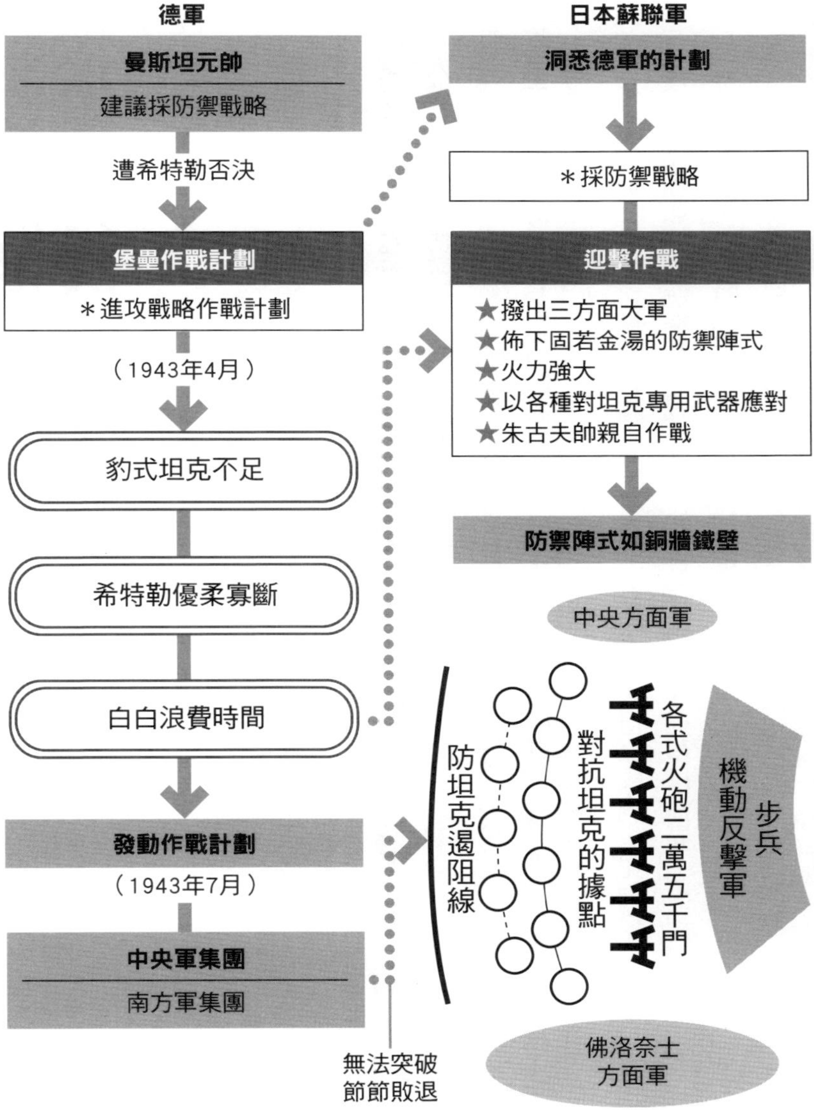

德軍
曼斯坦元帥
建議採防禦戰略
遭希特勒否決
堡壘作戰計劃
＊進攻戰略作戰計劃
（1943年4月）
豹式坦克不足
希特勒優柔寡斷
白白浪費時間
發動作戰計劃
（1943年7月）
中央軍集團
南方軍集團
無法突破
節節敗退
日本蘇聯軍
洞悉德軍的計劃
＊採防禦戰略
迎擊作戰
★撥出三方面大軍
★佈下固若金湯的防禦陣式
★火力強大
★以各種對坦克專用武器應對
★朱古夫帥親自作戰
防禦陣式如銅牆鐵壁
中央方面軍
防坦克遏阻線
對抗坦克的據點
各式火砲二萬五千門
步兵
機動反擊軍
佛洛奈士
方面軍

2 自發性的退兵是消耗敵軍戰力的有效戰略

- 所謂國內退兵，是指在本國內主動退兵，不用武力而使敵軍消耗戰力，使其自滅的間接抵抗法。
- 具體而言，即是在不損及自己戰鬥力的情況下巧妙迴避會戰，又不時對敵人進行抵抗，使敵軍耗損戰力。
- 進行國內退兵，必須符合兩個必要條件：國土夠大、交通線夠長。
- 攻擊方最懼怕的，就是交通線太長，造成後勤補給上的困難。

就如同前面提及的退兵一樣，裝模作樣引誘占優勢的敵人深入自家國內，並伺機進行反擊，有時還以死纏爛打的遊擊戰，威脅敵人的後勤補給線等，藉以捉弄、消耗敵人戰力並見機進行大反擊的戰略或戰術，即是受兵法界所肯定的「撤退戰術」。

此一戰略（戰術）對守方而言，最有利的就是握有戰鬥的主導權，可以將本國軍隊的損傷控制在最小的範圍之內，而且還可靈活運用地利、天時、氣候、國民的協助等資源。反之，攻擊的一方，除了必須面對氣候風土皆不熟悉的環境，還因作戰的主導權握在守方的手中，而必須時時戒備造成身心的疲憊。另外，因補給線拉得既長又遠，補給往往供應不及或不足，讓戰力耗損，而提前陷入戰敗的窘境中。

克勞塞維茨之所以提出此看法，或許是因為他研究第二次布匿戰爭，發現羅馬獨裁官費邊（Quintus Fabius Maximus Verrucosus，B.C.275 ～ B.C.203）面對敵軍迦太基的漢尼拔時，用的就是撤兵戰術。而在北方戰爭中彼得大帝（Peter the Great，1672～1725）所主導的「波塔瓦戰役」（Polava），其獲勝的理由和拿破崙戰爭中「遠征莫斯科計劃」失敗的原因都和撤兵戰術息息相關，才深覺國內撤軍的效果非常驚人！

在戰史上，因應用撤兵戰術而改變命運的例子，除了上述之外，還有使日本陷入泥沼中的中日戰爭，中國國民政府總統蔣介石將政府所在地，由北京遷往重慶進行八年抗戰；在第二次世界大戰中，蘇聯史達林首相對德軍採焦土政策等比比皆是。

在此要介紹的是，在大敵攻入時，利用祖國廣大的疆域，進行國內退兵（撤軍戰略）排除國難，獲得最後勝利的俄羅斯。

❖利用國土遼闊，進行撤軍作戰計劃

一六九七年，瑞典國王卡爾十一世駕崩，由年僅十五歲卡爾十二世繼位。這對

費邊

第二次布匿戰爭時羅馬的獨裁官。他避開和擁有強大兵馬的漢尼拔正面相對，改以遊擊戰和襲擊補給線的戰術，以拖延戰術和漢尼拔耗，有「拖延者」之稱。這種戰術後來發展成撤兵戰術。俄羅斯就是以此戰術打敗了拿破崙及希特勒。

著手改革俄羅斯、傾全力增強國力的彼得一世（大帝）而言，是千載難逢的好機會，因為他想趁此取得波羅的海沿岸的不凍港。一七〇〇年，彼得刻意和仇恨瑞典的丹麥、波蘭結盟，接著向瑞典宣戰。沒想到，才十八歲的卡爾十二世，是個行事果斷、有戰術眼光的少年英雄。該年五月，初試身手即攻陷了哥本哈根，迫使丹麥屈服。十一月，再率八千名士兵打上了芬蘭灣。

占領南岸要衝納爾瓦（Narva）的彼得六萬大軍，碰到了突發的大風雪。卡爾趁機突擊戰果輝煌，不但讓彼得的大軍死傷二萬餘人，還俘虜了二萬士兵，沒收了一百門的大砲。

接著，卡爾將矛頭轉向波蘭，逐走了當時的國王奧古斯都二世（薩克森選舉候），迫使波蘭的薩克森人屈服。卡爾一路下來無往不利，但是他將真正的敵人彼得擱在一旁，將精力集中對付次要配角波蘭，卻是一大失策。

在納爾瓦吃了敗仗的彼得，卯足力量改革軍制，期待他日再展雄風。一七〇三年，他突然進軍芬蘭，在湟瓦河（Neva）河建設牢固的彼得堡（即後來的列寧格勒，現在的聖彼得堡），並藉著位於彼得堡前方的克朗塔德軍港（Kronstadt），得到他念念不忘進出波羅的海心願的出口。

❖避開正面對決，利用退軍計劃抵抗

彼得一世

又稱彼得大帝。年輕時，曾以西歐視察團團員的身份，前往西歐視察，在增長見聞的同時，也習得了各種技術。向北歐最強的瑞典挑戰，並在「波搭瓦戰役」中大敗卡爾十二世，讓俄羅斯一躍成為最強的國家。

另一方面，降服了俄羅斯所有同盟國的卡爾，終於在一七〇八年，帶領著精兵攻打敵人彼得。彼得刻意迴避和精悍的瑞典大軍正面對決，而專心以撤兵戰術及焦土作戰計劃進行抵抗。

卡爾一路追著退守莫斯科的彼得，大軍不知不覺深入俄羅斯境地，來到斯摩稜斯克（Smolensk）。休息時，烏克蘭的哥薩克（Cossack）酋長馬塞巴對卡爾嚼了耳根子。他說，他會傾所有的力量協助卡爾，建議卡爾先征討俄羅斯的穀倉烏克蘭，並要求卡爾協助他對抗飽受彼得威脅的哥薩克。卡爾愚蠢地聽信了馬塞巴的建議，不待祖國的後勤補給到來，即改變進攻莫斯科的計劃，由馬塞巴引路，南下烏克蘭。

接著，次年一七〇九年五月，兩雄終於在烏克蘭的要衝波塔瓦爆發激戰。由於卡爾在俄羅斯境內迷路時，失去了大部份的火砲和兵力，造成戰敗。這一役，不但讓俄羅斯擁有了波羅的海東岸一帶的領土，更取代瑞典成為北歐最強的國家，一躍和西歐諸國並稱列強。

國內退軍

（撤兵戰略）

戰例

第二次布匿戰爭

羅馬（費邊） VS 迦太基（漢尼拔）

↓

北方戰爭

俄羅斯（彼得大帝） VS 瑞典（卡爾十二世）

↓

拿破崙（遠征莫斯科）

俄羅斯（亞歷山大一世） VS 法國（拿破崙）

↓

中日戰爭

中國（蔣介石） VS 日本

↓

第二次世界大戰（德蘇之戰）

蘇聯（史達林） VS 納粹德國（希特勒）

國內退兵

撤退戰略（費邊戰術）

↓

費邊計劃
第二次布匿戰爭

↓

應對處於優勢的敵人

- ☠ 誘導使其深入祖國疆域
- ☠ 果決進行勇敢的反擊
- ☠ 發動死纏爛打的游擊戰
- ☠ 切斷其後勤補給線

↓

敵人一旦消耗戰力

★疲勞困憊
★士氣低落
★後勤補充不足

↓

伺機大反擊

↓

獲得最後的勝利

3 即使發動攻勢，亦不可不防禦

- 戰略防禦，經常伴隨著消滅敵人的攻擊動作，戰略攻勢同樣也伴隨著不可或缺的防禦。
- 易言之，戰略攻勢即是藉由攻守兩方不斷交替或結合進行的。
- 伴隨著戰略攻勢的防禦，比起一般的防禦，較易被攻破，所以是攻擊方的一大弱點。

克勞塞維茨在先前比較防禦和攻擊時，認為防禦較為有利。在這，他更提出警告：「即使發動攻勢，防禦亦不可缺，而且此刻的防禦較易被攻破，是攻擊方的一大弱點。」為什麼這麼說呢？無非是要提醒在發動攻勢時，如果只專注於攻擊、疏忽防禦，常會遭到敵人出其不意的攻擊而陷入敗局，不可不慎。

日本海軍向來信奉傳統的「攻擊為最大防禦」主義。這種思維模式，正好全面否定克勞塞維茨的教條。因為日本海軍認為，只要能夠發動最大的攻擊力、先發制人，就能獲得最好的防禦。所以根本不需要耗費精神佈署防禦陣式。最典型的例子——小澤中將先敵進攻，將攻擊全放一點之上的「範圍外戰法」。結果在馬里亞那海戰中，徹底地敗給了史普魯安斯上將的「攔截戰法」。

在此，我們就以日美航空母艦機動部隊為例，做個檢證。

❖「攻擊就是最大防禦」對嗎？

現在我們就來比較，日美在太洋戰爭時的航空母艦機動部隊，並針對日本海軍「攻擊就是最大防禦」的兵法思想進行驗證。

比起一般強大的攻擊力，航空母艦本身本來對對手的攻擊力就較差，這是航空母艦的一大弱點。因為航空母艦體積龐大，全艦載滿了戰機、汽油、炸彈、魚雷等可燃物，儼然就是一隻綁滿爆裂物的「老狐狸」。面對航空母艦的脆弱，美日兩軍解決方案卻完全不同。日本海軍堅持傳統的兵法思想，認為「攻擊就是最大防禦」，所以依然墨守先敵進攻，即可確保自己安全的戰術。而美國海軍則雙線並行，除了增強攻擊力之外，也同時佈署更牢靠的防禦工程。

在此，我們就來檢視美國航空母艦機動部隊在馬里亞那海戰中，為防禦所做的努力，也就是檢視美國機動部隊的艦隊防空。一言以蔽之，從戰鬥機到所有對空兵器，皆全面提昇其性能，並以高性能的雷達及無線電話做徹底監控，亦就是全面而徹底的系統化。而日本海軍的機動部隊所做的防禦，卻只僅於在航空母艦周圍安排二至三艘的高速戰艦或巡洋艦，以及數艘的驅逐艦作為警戒艦（護衛艦）。但是由於電波探測儀器（雷達、電波探測儀）性能低劣，無法早期測得敵情，因此只能靠在上空巡邏的直衛機、直衛艦或空母上人員的肉眼監視。而且一旦發現敵軍，也因為沒有有效的通訊器材，無法交換訊息，只能個別採取行動展開對空戰鬥。

更糟糕的是，除了直衛機有零戰的制空能力之外，警戒艦幾乎沒有對空作戰的能力。這是千真萬確的實情，毫無誇大之疑。在日本海軍裡，勉強可對空做有效射擊的只有少數幾艘配備了八門可以以九四式高射裝置控制、砲身長十英吋高角砲的「秋月型」防空驅逐艦。其他驅逐艦所裝配的十二點七英吋主砲，是水上射擊專用砲，對空射擊則完全不管用。

在此，值得大書特書的，應該是美國海軍艦隊完全系統化、教條化的防空實態。

❖美國海軍艦隊系統化的防空實態

讓我們再次重溫讓美國海軍艦隊防空發揮的淋漓盡致的馬里亞那海戰。

一九四四年六月十九日早上，第一機動隊的司令小澤治三郎下令攻擊隊，發動三百二十六架戰機分四波進行轟炸任務。攻擊隊從美國艦載機的攻擊圈外即開始先發制人進行攻擊。這就是企圖一舉滅敵、秘策中的秘策「Out Range」戰法。

對於日本的攻擊行動，美國第五十八任務部隊的艦隊防空系統，做了如下的應對。首先在部隊前方五十到六十海里處，佈署數艘裝備高性能對空雷達的驅逐艦，作為雷達哨戒機或早期警戒艦，在上空則佈署哨戒戰鬥機。如此佈署，除了可早期探知敵機情影之外，也形同設下了第一道防線。

另外，機動部隊的各任務群，除了各擁有四艘航空母艦外，四周還佈署了四艘戰艦或重巡洋艦，這是第一圈的防護。在第一圈的外圍則另派十六艘的驅逐艦團團圍住，這是第二圈的防禦。這種圓型的防禦陣式堪稱滴水不漏。

在完備的防空教條管理之下，部隊整體的防空作戰由任務部隊指揮官（ＣＴＦ）指揮，任務群中各任務指揮官（ＣＴＧ）所搭乘的防空艦艇，分別利用對空雷達及高性能的ＶＨＦ及ＵＨＦ無線電話進行指揮。

因此攻擊第五十八任務部隊的日本攻擊隊，一下子就被雷達哨戒艦探測到，接著由防空艦作戰室（CIC，Combat Information Center）所控制的四百五十架高速、重武裝、重裝甲的零戰殺手克拉馬F6F「地獄貓」戰鬥機，旋即出動進行攔截及攻擊。幸運躲過地獄貓攻擊的日本戰機，接下來還得面對雷達自動射擊指揮裝置、裝於該砲彈中的近炸引信（ＶＴ信管）及許多裝有簡易計算機的四十毫米、二十毫米的機槍所佈署的對空防禦砲火陣。

在美國如此完備的防空佈陣下，日本失去了戰機三百架，而美國卻幾乎毫無損傷。套句兵法用語——是一場等於零的無謂戰鬥。

有人批評馬里亞那海戰日美海軍的互動關係，就像是在「馬里亞那海域上射擊大火雞」。究竟是什麼原因讓日本如此的慘敗呢？

日本方面的主將小澤中將，對於美國海軍艦隊防空能力已大幅提昇的事實毫不知情，進而誤判對方的防空水準和自己一樣低弱，所以認定只要先發制人必定獲勝。這就是日本海軍慘敗的最大原因。

因為日本海軍完全掉入了克勞塞維茨說的「伴隨著戰略攻勢的防禦，比起一般的防禦，較易被攻破，所以是攻擊方的一大弱點」陷阱裡了。

近炸引信

近階自動信管。會自行發射電波，感應到反射波後即行爆炸。美國海軍把它裝在主要對空火炮五英吋口徑兩用的砲彈中，用來對付日本的軍機，威力異常強大。

攻擊是最大的防禦嗎？

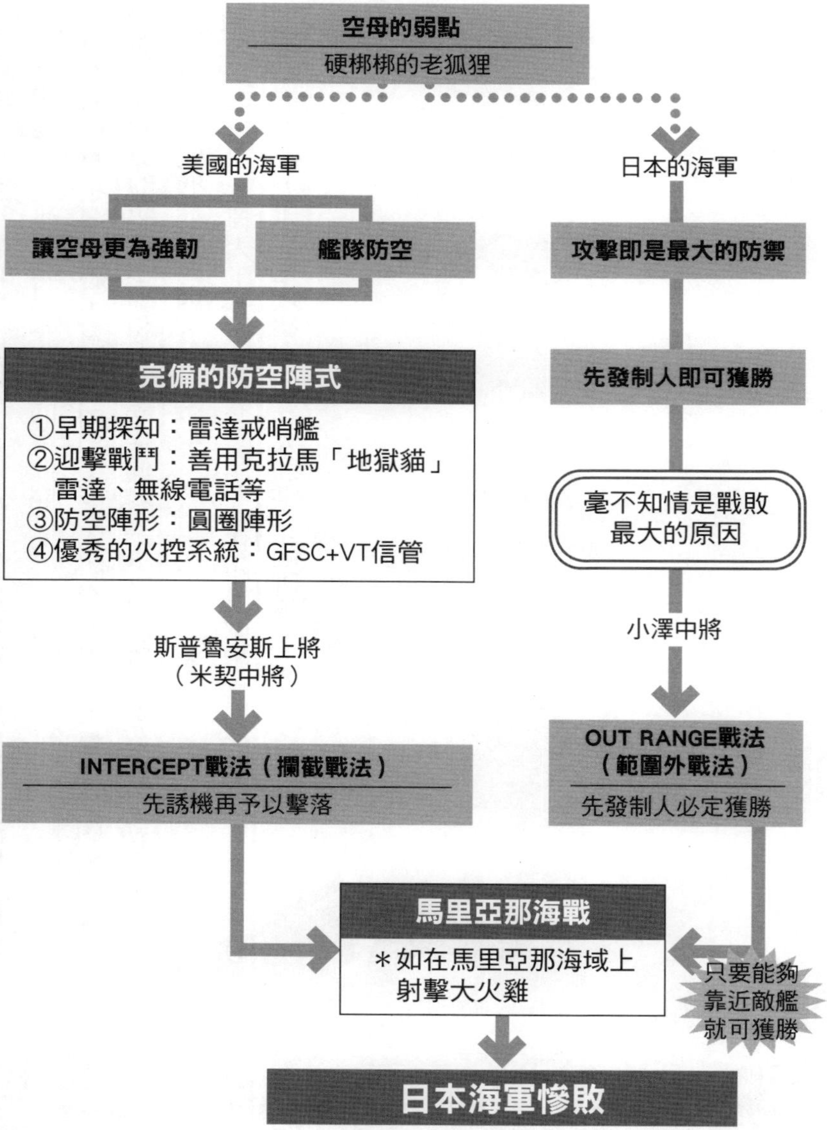

空母的弱點
硬梆梆的老狐狸
美國的海軍
日本的海軍
讓空母更為強韌
艦隊防空
攻擊即是最大的防禦
完備的防空陣式
①早期探知：雷達戒哨艦
②迎擊戰鬥：善用克拉馬「地獄貓」雷達、無線電話等
③防空陣形：圓圈陣形
④優秀的火控系統：GFSC+VT信管
先發制人即可獲勝
毫不知情是戰敗最大的原因
小澤中將
斯普魯安斯上將（米契中將）
INTERCEPT戰法（攔截戰法）
先誘機再予以擊落
OUT RANGE戰法（範圍外戰法）
先發制人必定獲勝
馬里亞那海戰
＊如在馬里亞那海域上射擊大火雞
只要能夠靠近敵艦就可獲勝
日本海軍慘敗

終章

為什麼「作戰計劃」非常重要？

1 擬定作戰計劃，最重要的是政治和戰略必須一致

- 發動戰爭時，一定要研究其意義及目的，制定作戰計劃，並規範戰爭遂行的方針、必要的手段、兵力的分配等等。
- 所謂作戰計劃，是指把一切的戰爭行為視為單一的行動，並確定戰爭終結時的目的之計劃。
- 策劃制定作戰計劃時，首先必須要掌握戰爭的性質。
- 因為戰爭受政治因素的影響極大。
- 戰爭是政治的手段之一。因此策劃制定作戰計劃時，最重要的就是讓政治和戰略做有機的結合，使其一致。

這一章是戰爭論各內容的集之大成，也是最後的總結修潤。

制定作戰計劃時，首先必須思考戰爭的意義及其性質，然後再定出最後的戰爭目的，再以積極勇敢的精神做後盾，應用優勢手段循序漸進達成主目標、次目標與

最終目的。

其中最重要的就是，根據「戰爭是政治的延續」之大原則，統一政治及軍事，也就是統一政府和最高將領的意志。換句話說，融合政治、戰略是最為重要的。在這一章裡，我們就以漢尼拔和羅馬之間所爆發的第二次布匿戰爭，作為例子。

❖以國際視野研擬作戰計劃

西元前二二一年，迦太基的伊比利總督，也就是漢尼拔的盟兄哈斯都爾巴路遭羅馬殺手殺害，給二十五歲青年將軍——漢尼拔登上舞台的機會。

漢尼拔從小就仇恨羅馬，如今所尊敬的盟兄又遭羅馬殺害，舊仇加新恨讓漢尼拔冷靜地思索迦太基和羅馬今後的關係。

洞察力卓越的漢尼拔，眼見攻下了西西里島、薩丁尼亞、科西嘉島，確保了西方安全之後的羅馬，緊接著再將矛頭轉向北方的山南高盧（Transalpine Gaul）、東方的伊利利亞（Elyria）、希臘半島，認為羅馬將來必定再度襲擊迦太基。換句話說，他確信一山難容二虎，因而下定決心討伐羅馬。

漢尼拔以消滅羅馬為戰爭的最終目的，研擬作戰計劃（戰略構想）時，即懂得放眼世界，以國際的視野策劃制定。具體的內容包括：

▼和因希臘統治權而和羅馬纏鬥中的馬其頓（Macedonia）王國結盟，共同夾擊

羅馬。

▼向被羅馬征服後，為羅馬高壓統治所苦的高盧各族示好。

▼策動被羅馬征服的義大利半島上的伊特魯里亞（Etruria）及希臘體系下的都市背叛羅馬，再與之結盟，為迦太基在義大利半島上建立據點。

▼策動原為羅馬的同盟國、西西里島上的希拉克沙王國背叛羅馬，再與之結盟。

漢尼拔處心積慮用了許多法子，將羅馬孤立之後，即準備率領精悍的部隊進軍羅馬。

漢尼拔在伊比利半島上傾全力訓練了一支軍隊，共有步兵十二萬人、騎兵一萬六千人及戰象六十頭。漢尼拔留下一部份軍力，守護迦太基及伊比利半島。接著即親自帶領步兵九萬、騎兵一萬二千名、戰象三十七頭，長驅直奔羅馬。

進攻羅馬的路線，漢尼拔突破常人的思考，選擇了「翻越阿爾卑斯山」的奇策。當時從伊比利半島到義大利，可經由以下的方法：

▼走海路，東航地中海

▼走陸路，東進利古利亞海（Liguria）沿岸

▼翻越庇里牛斯山、阿爾卑斯山

結果漢尼拔選擇了最困難的翻越阿爾卑斯山。理由如下：

▼第一次布匿戰爭結束後，地中海的制海權，一向掌控在羅馬海軍手中。

▼走利古利亞海沿岸的陸路，中途會碰上羅馬大軍的攻擊。
▼翻越阿爾卑斯山，對羅馬而言，是奇襲戰略。
▼翻越阿爾卑斯山，可獲得阿爾卑斯以南、為羅馬高壓政策所苦的高盧民族的支持。

西元前二一八年七月，克服了常人無法想像的諸多困境，漢尼拔終於帶著步兵二萬、騎兵六千及僅存的數頭大象，來到了倫巴底平原（Lombardia）。

❖戰無不勝

對漢尼拔戰略奇襲甚為驚訝的羅馬，為了阻止漢尼拔，慌慌張張將駐紮於伊比利半島及迦太基的軍隊全數撤回，以對付漢尼拔。

第二次布匿戰爭終於開打。戰局剛開始時，漢尼拔攻無不克，讓羅馬防不甚防。到了後半，由於名將費邊的撤兵戰略（國內退兵戰略）及朝氣勃勃的新進將領大西庇阿，採用遠征伊比利半島及迦太基的間接戰略，才消耗了漢尼拔的戰力，迫使漢尼拔回祖國迦太基，並於西元前二〇二年，在「札馬會戰」中大敗漢尼拔，終於讓長達十六年，血染義大利的戰爭隨著迦太基及漢尼拔的戰敗，宣告結束。

在第二次布匿戰爭中，羅馬動員了全國的力量對付漢尼拔一人，為什麼還需要花上整整十六年的時間？

❖分析羅馬軍隊和漢尼拔的特色

同時檢證雙方，猛一看好像違背常理，事實上，他們都衍生出兩個同樣的疑問。第一個疑問，羅馬傾全義大利半島的力量，對付人數較少的漢尼拔軍隊。為了屈服一個漢尼拔，羅馬需要花這麼長的時間，犧牲這麼多的人力物資嗎？

第二個疑問，以「坎尼會戰」為代表，漢尼拔曾無數次打得羅馬大軍落花流水，幾乎每戰皆捷所向無敵，為什麼卻無法獲得最後的勝利？

第一個理由是，羅馬和漢尼拔都未能知已知彼。

羅馬人知道迦太基的祖先是腓尼基人。

換句話說，腓尼基人是天生的商業民族，他們有卓越的經商才能，但是對於政治，卻因為眼光短視只看得到眼前的利益，所以克己之心強烈，易因畏懼恫嚇而屈服。

尤其國家的軍隊以傭兵為主體，指揮官通常是臨時任命的新手。

因此，對於漢尼拔稀有的軍、政才能及堅強的意志力、實行能力等，羅馬人無法通盤了解窺得全貌。

而另一方面，漢尼拔基於海洋民族獨特的共存共榮、開放的腓尼基思想，羅馬人堅忍不拔的意志力、不屈不撓的愛國心、死而後已的奮戰精神也不是他所能理解

間接戰略

為英國的戰史家、戰略學家李德·哈特（B·H·Liddel Hart）所提倡。這是一種避開功少勞多的正面攻擊，而以破壞敵人中樞後勤補給線，達到不戰而屈敵的戰略或戰術。他是從大西庇阿進攻伊比利亞半島及迦太基本土的戰史中，得到這個啟示的。

的。

此外，義大利大半的都市，不論是在精神上、政治上都以羅馬為中心，彼此的關係根深蒂固。再則這些都市都已被建成堅固的要塞，而且透過整齊的道路相互連結，不論怎麼進攻，都能不斷再生。但是漢尼拔並不了解此一現況。

另外一個理由則是軍事力。羅馬擁有亞歷山大帝所留下的馬其頓方陣（Macedonian phalanx）以及與之並列為古代軍事史上雙璧的羅馬軍團（Legion）之軍制及戰法。但是羅馬軍所面對的敵人大都是勇猛卻不具組織戰鬥力的蠻族，所以他們只知以強大戰鬥力的正攻法戰勝對手，對於以戰略、戰術為首的兵法，均不懂得進行研究及開發。

此外，他們還將軍隊一分為二，由出身政治家的執政官擔任指揮官，因此對於部隊的運用相當脆弱。

反觀漢尼拔的軍隊，除了少數的將領之外，其他皆為利比亞、努米迪亞、伊比利亞、高盧的傭兵，但卻都在漢尼拔一流的軍事訓練下，調教成了精悍的步兵及騎兵。這一事實突顯出了迦太基主將漢尼拔的卓越統帥能力。

❖擁有將帥資質的漢尼拔

漢尼拔從小即受名將父親哈米爾卡．巴卡（Hamilcar Barca）的薰陶，廣而閱覽

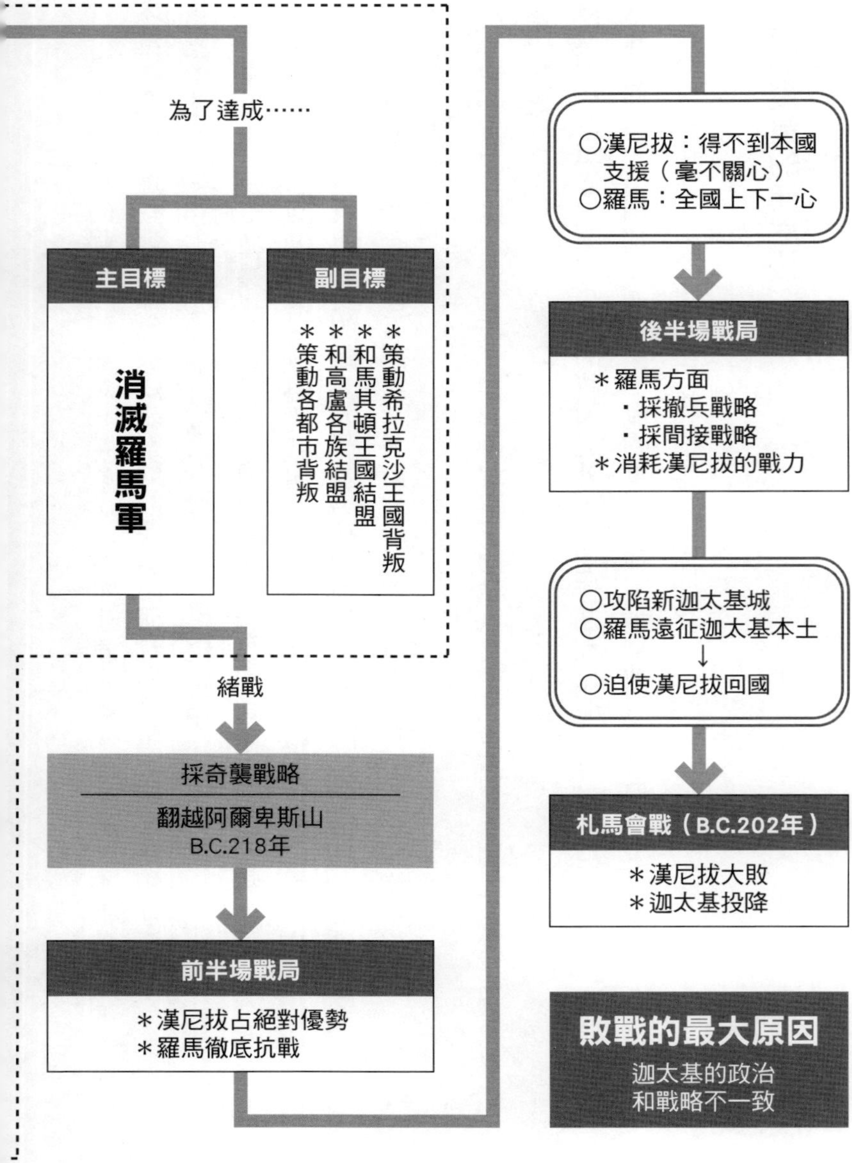
為了達成……
主目標
消滅羅馬軍
副目標
＊策動希拉克沙王國背叛
＊和馬其頓王國結盟
＊和高盧各族結盟
＊策動各都市背叛
緒戰
採奇襲戰略
翻越阿爾卑斯山
B.C.218年
前半場戰局
＊漢尼拔占絕對優勢
＊羅馬徹底抗戰
○漢尼拔：得不到本國支援（毫不關心）
○羅馬：全國上下一心
後半場戰局
＊羅馬方面
・採撤兵戰略
・採間接戰略
＊消耗漢尼拔的戰力
○攻陷新迦太基城
○羅馬遠征迦太基本土
↓
○迫使漢尼拔回國
札馬會戰（B.C.202年）
＊漢尼拔大敗
＊迦太基投降
敗戰的最大原因
迦太基的政治
和戰略不一致

漢尼拔的作戰計劃即其結果

（作戰計劃）

開戰的動機

①保全迦太基　②向羅馬報仇

情勢

〇全盤
- 迦太基和羅馬無法共存
- 羅馬將國家版圖向外延伸

〇羅馬的情勢
- 軍隊強大
- 受其統治的各都市有受鎮壓的屈辱感（如希臘、伊特魯里亞等）
- 被其征服的高盧民族有受鎮壓的感覺
- 馬其頓王國發動抗爭

〇迦太基本國
- 主將漢尼拔擁有卓越的統帥能力
- 有精悍的部隊，以騎兵為最優
- 完善的根據地：伊斯巴尼亞（後來的西班牙）

判斷情勢

＊時機成熟
＊現在發動，一定獲勝

戰爭目的

使羅馬屈服

伊巴密濃達（Epaminondas，B.C.418～B.C.362，希臘軍人、政治家）、亞歷山大等英雄之名人傳記，並專研戰史。因此對政治、軍事、外交等皆具有高度的能力。

其中在軍事方面，不論是在欺敵、佯動、奇襲、謀略、情報活動乃至於戰鬥時，他都能靈活運用騎兵的機動打擊力，堪稱集統帥能力於一身。

換句話說，就算羅馬和漢尼拔的軍隊戰鬥力不分上下，只以用兵的統帥能力而論，兩軍即有天壤之別。

這也就是為什麼羅馬和漢尼拔交鋒了十六年，卻遲遲無法打敗漢尼拔的主要原因。而克勞塞維茨之所以不斷強調將帥資質重要性的原因，也在於此。

而因為統帥能力低劣，連戰連敗的羅馬之所以能夠抗戰十六年，憑的全是堅忍不拔、不屈不撓強烈的愛國心、勇於奮戰的精神及政治戰略一致的戰爭指導原則。

在元老院及市民奮戰的精神支持下，政治層面的最高負責人獨裁官（Dictator）或者是執政官，才能以軍隊最高指揮官的身份立於陣前。而一般市民也把服兵役視為最高權利及義務，而樂於服役。

反觀迦太基，前面已提過無數次，他們的軍隊以傭兵為主體，必要時才派臨危授命的將軍前去指揮。但是要遂行戰爭時，這些將領卻幾乎都沒有權限，而且還得看元老院的臉色，受元老院的恣意判斷所左右。

在第二次布匿戰爭時，迦太基對於在義大利半島勢如破竹大勝敵人的漢尼拔，竟然投以白眼，不但不給予增援，還任意妄為進行他們的和平工作。

獨裁官

羅馬共和國通常會安排兩位執政官掌管國政，但是處在發生戰爭的非常時期時，即會從兩位執政官中選一名為獨裁官，給予極大的權限，以期度過國難。為了防止獨裁官生變，聰明的羅馬人訂下了獨裁官任期只有半年的規定。

雖然說這次的戰爭是因為漢尼拔的獨斷專行才開打的，而不久之後戰火也延燒到了迦太基本土，但是不可否認這的確是一個回復迦太基昔日「地中海女王」霸權的大好機會。但是他們卻看著漢尼拔孤軍奮戰見死不救，終於白白錯失了勝機。

克勞塞維茨為此下了一個結論：「戰爭是政治的延續。」面對戰爭時，政府和軍事單位必須做有機結合，讓雙方的利害關係一致。為了達到此一共識，必須讓最高將領參與內閣，以期讓政治和戰略一致。

第二次布匿戰爭就因為政治、戰略的不一致，而讓一代名將漢尼拔征服義大利壯志未酬，功虧一簣。本書即以此結論作為總結。

國家圖書館出版品預行編目資料

戰爭論圖解 / 是本信義著 ; 劉錦秀譯 . -- 三版 . -- 臺北市 :
商周出版：英屬蓋曼群島家庭傳媒股份有限公司城邦分公
司發行， 民 114.6
面 ；　　公分 . --（經典一日通 ；002）

ISBN　978-626-390-558-0（平裝）

1.CST：戰爭理論　2.CST：軍事

592.1　　114006356

BI2002Y

戰爭論圖解（經典新校版）

原　書　名／図解 クラウゼヴィッツ「戦争論」入門
作　　　者／是本信義
譯　　　者／劉錦秀
版　　　權／黃淑敏、翁靜如、林心紅
行 銷 業 務／莊英傑、周佑潔、王瑜

總　編　輯／陳美靜
總　經　理／彭之琬
事業群總經理／黃淑貞
發　行　人／何飛鵬
法 律 顧 問／元禾法律事務所 王子文律師
出　　　版／商周出版
115台北市南港區昆陽街16號4樓
電話：(02) 2500-7008 傳真：(02) 2500-7579
E-mail：bwp.service@cite.com.tw
Blog：http://bwp25007008.pixnet.net/blog
發　　　行／英屬蓋曼群島商家庭傳媒股份有限公司城邦分公司
115台北市南港區昆陽街16號8樓
書虫客服服務專線：(02)2500-7718．(02)2500-7719
24小時傳真服務：(02)2500-1990．(02)2500-1991
服務時間：週一至週五09:30-12:00．13:30-17:00
郵撥帳號：19863813　戶名：書虫股份有限公司
讀者服務信箱E-mail：service@readingclub.com.tw
歡迎光臨城邦讀書花園　網址：www.cite.com.tw
香港發行所／城邦（香港）出版集團有限公司
香港九龍土瓜灣土瓜灣道86號順聯工業大廈6樓A室
Email：hkcite@biznetvigator.com
電話：(852)2508-6231　傳真：(852)2578-9337

馬新發行所／城邦(馬新)出版集團 【Cite (M) Sdn. Bhd.】
41, Jalan Radin Anum, Bandar Baru Sri Petaling,
57000 Kuala Lumpur, Malaysia
電話：(603)905638332　傳真：(603)90576622
Email：services@cite.my

封 面 設 計／申朗創意
印　　　刷／韋懋實業有限公司
總　經　銷／聯合發行股份有限公司　電話：(02) 2917-8022　傳真：(02) 2911-0053
地址：新北市新店區寶橋路235巷6弄6號2樓

■ 2003年9月初版
■ 2025年6月三版

Printed in Taiwan

定價／320元

ISBN：978-626-390-558-0

城邦讀書花園
www.cite.com.tw